U0193000

“芯”路丛书

复旦大学 组 编
张 卫 丛书主编

精

精“芯”打造

集成电路的制造设备

杨晓峰 殳 峰 编著

上海科学普及出版社

图书在版编目(CIP)数据

精"芯"打造：集成电路的制造设备 / 杨晓峰，殳峰编著.
-- 上海：上海科学普及出版社，2022.10
（"芯"路丛书 / 张卫主编）
ISBN 978-7-5427-8275-5

Ⅰ.①精… Ⅱ.①杨… ②殳… Ⅲ.①集成电路工艺－半导体工艺设备－青少年读物 Ⅳ.①TN305-49

中国版本图书馆 CIP 数据核字 (2022) 第 150991 号

出 品 人 张建德
策　　划 张建德　林晓峰　丁　楠
责任编辑 丁　楠
装帧设计 赵　斌

精"芯"打造
——集成电路的制造设备
杨晓峰　殳　峰　编著
上海科学普及出版社出版发行
（上海中山北路 832 号　邮政编码　200070）
http://www.pspsh.com

各地新华书店经销　启东市人民印刷有限公司印刷
开本 720×1000　1/16　印张 8.25　字数 100 000
2022 年 10 月第 1 版　2022 年 10 月第 1 次印刷

ISBN 978-7-5427-8275-5　定价：55.00 元

“‘芯’路丛书”编委会

序 言

当今世界，芯片驱动世界，推动社会生产，影响人类生活！集成电路，被称为电子产品的“心脏”，是信息技术产业的核心。集成电路产业技术高度密集，是人类社会进入信息时代、智能时代的重要核心产业，是一个支撑经济社会发展，关系国家安全的战略性、基础性和先导性产业。在我们面临“百年未有之大变局”的形势下，集成电路更具有格外重要的意义。

当前，人工智能、集成电路、先进制造、量子信息、生命健康、脑科学、生物育种、空天科技、深地深海等前沿领域都是我们发展的重要方面。在这些领域要加强原创性、引领性科技攻关，不仅要在技术水平上不断提升，而且要推动创新链、产业链融合布局，培育壮大骨干企业，努力实现产业规模倍增，着力打造具有国际竞争力的产业创新发展高地。新形势下，对于从事这一领域的专业人员来说既是一种鼓励，更是一种鞭策，如何更好地服务国家战略科技，需要我们认真思索和大胆实践。

集成电路产业链长、流程复杂，包括原材料、设备、设计、制造和封装测试等五大部分，每一部分又包括诸多细分领域，涉及的知识面极为广泛，对人才的要求也非常高。高校是人才培养的重要基地，也是科技创新的重要策源地，应该在推动我国集成电路技术和产业发展过程中发挥重要作用。复旦大学是我国最早从事研究和发展微电子技术的单位之一。20世纪50年代，我国著名教育家、物理学家谢希德教授在复旦创建半导体物理专业，奠定了复旦大学微电子学科的办学根基。复旦大学微电子学院成立于2013年4月，是国家首批示范性微电子学院。

“‘芯’路丛书”由复旦大学组织其微电子学院院长、教授张卫等从事一线教学科研的教授和专家组成编撰团队精心编写，与上海科学普及出版社联手打造，丛书的出版还得到了上海国盛（集团）有限公司的大力支持。丛书旨在进一步培育热爱集成电路事业的科技人才，解决制约我国集成电路产业发展的“卡脖子”问题，积极助推我国集成电路产业发展，在科学传播方面作出贡献。

该丛书读者定位为青少年，丛书从科普的角度全方位介绍集成电路技术和产业发展的历程，系统全面地向青少年读者推广与普及集成电路知识，让青少年读者从感兴趣入手，逐步激发他们对集成电路的感性认识，在他们的心中播撒爱“芯”的“种子”，进而学习、掌握“芯”知识，将来投身到这一领域，为我国集成电路技术提升和产业创新发展作出贡献。

本套丛书普及集成电路知识，传播科学方法，弘扬科学精神，是一套有价值、有深度、有趣味的优秀科普读物，对于青年学生和所有关心微电子技术发展的公众都有帮助。

中国科学院院士

2022 年 1 月

目 录

第一章 “精密”之旅
——走近集成电路制造设备

“摩尔定律”的魔法术

本书将带领我们开启一段全新的旅程，这是一趟专属于集成电路制造设备的“精密之旅”。

在讨论集成电路的时候，我们总是绕不开行业内著名的“摩尔定律”。这个定律以英特尔联合创始人戈登·摩尔（Gordon Moore）的名字命名。在半个多世纪以前，摩尔预测集成电路上可容纳的晶体管数目，每隔约两年便会增加一倍。集成电路行业大致按照摩尔定律发展了半个多世纪，如图 1.1 所示，对世界经济增长做出了巨大的贡献，并驱动了一系列的科技创新和社会改革。

20 世纪 60 年代末，美国执行登月任务的阿波罗飞船的导航计算机（Apollo Guidance Computer，AGC）是世界上最早采用集成电路概念的专用计算机之一，大约有 30 kg 重，由几千个晶体管组成，每秒可以执行 85000 个指令。与之形成对照的是，50 多年后，苹果公司研发的 iPhone 12 的 A14 芯片采用 5 nm 技术工艺，具有 6 核中央处理器及 4 核图形处理器，容纳 118 亿个晶体管，每秒可处理 11 万亿次运算。由此可见，高性能化、微型化和低功耗化是现代集成电路的总体趋势，其带动了集成电路的计算能力和存储空间的指数级增长。在这个过程中，摩尔定律显然扮演了关键的角色。

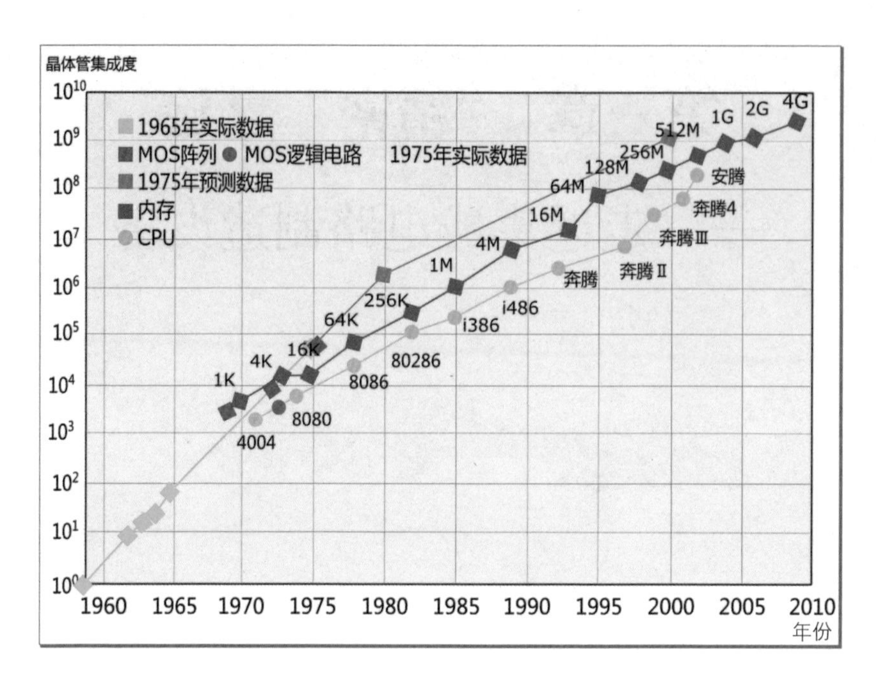

图 1.1　近 50 年间的摩尔定律趋势

通过这段“精密之旅”，我们将带领大家认识一下生产这些芯片的各种设备，他们每一个都是“身手不凡”的“武林高手”。先别急，在启程出发之前，让我们先学习几个与集成电路设备紧密相关的概念吧。

空气洁净度

芯片是在一种特殊的人造环境——“洁净室”里制造出来的。洁净室（Clean Room），也被称为超净室或者无尘室，是为了满足集成电路制造设备对生产环境的特殊要求而专门建造的场所。洁净室也是集成电路设备们的“聚义厅”，各路“英豪”聚集在此，齐心协力一起构成了集成电路的生产线。

在我们日常生活的环境中，空气中或多或少是含有尘埃颗粒的。我们通常用“空气洁净度”来说明环境中空气所含微粒多少的程度。洁净室的污染来源有灰尘、空气传播的微生物、悬浮颗粒和化学挥发性气体等。半导体行业对洁净室内的洁净度、温湿度等要求极其严格，必需将环境指标控制在某一个需求范围内，才不会对制程产生负面影响。

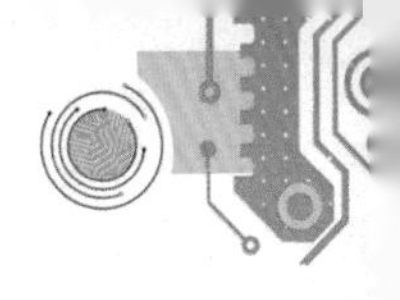

表 1.1　我国洁净室的空气洁净度等级划分（部分）

空气洁净度等级（N）	大于等于表中颗粒直径的最大浓度限值（pc/m³）					
	0.1 μm	0.2 μm	0.3 μm	0.4 μm	0.5 μm	0.6 μm
5（百级）	1e5	2.37e4	1.02e4	3.52e3	8.32e2	2.93e1
6（千级）	1e6	2.37e5	1.02e5	3.52e4	8.32e3	2.93e2
7（万级）				3.52e5	8.32e4	2.93e3
8（十万级）				3.52e6	8.32e5	2.93e4

洁净室的发展与现代工业、尖端技术紧密地联系在一起。目前在集成电路制造、生物制药、医疗卫生、电子光学、精密器械等行业，洁净室的运用已经相当普遍且成熟。洁净室或洁净区的等级标准是按照单位体积空气中大于或等于被考虑粒子的最大浓度限值而进行划分的。这些等级标准由相关的专门机构负责制定。洁净室一般分为九个等级，等级越低，洁净度要求越高。表 1.1 罗列了我国《GB50073—2013：洁净厂房设计规范》的部分等级划分情况，这些百级、千级、万级和十万级标准的洁净室是集成电路设备行业常见的空气洁净度等级。

精密的尺度

在生活中，我们常用的长度单位是千米（km）、米（m）、厘米（cm）和毫米（mm）等。一根头发丝很细，直径大概为 0.1 mm，但对精密的集成电路制造而言，毫米已经算是巨大的计量单位了。在毫米的尺度上缩小 1000 倍后，我们得到的是微米（μm）量级。如果在微米的尺度上再缩小 1000 倍，我们才得到纳米（nm）量级。那么，这些精密的尺度到底有多小呢？

图 1.2 更为直观地展示了精密量级的概念。写字时钢笔笔尖的直径约为 1 mm；人的发丝直径为 0.1 mm 左右，等同于图中对数标尺的 100 μm；人血液中的红细胞尺寸比发丝再小十倍，不超过 10 μm；球菌的大小在 1 μm 左右；DNA 双螺旋的大小约为 1 nm。1 nm 是 1 m 的十亿分之一，也就是 10^{-9} m。若是做成一个 1 nm 的小球，将其放在一个乒乓球表面的话，从比例上看，就像是把一个乒乓球放在地球表面。

普通机械行业的制造设备中，能够完成的精度在 10~0.1 μm，而表面粗

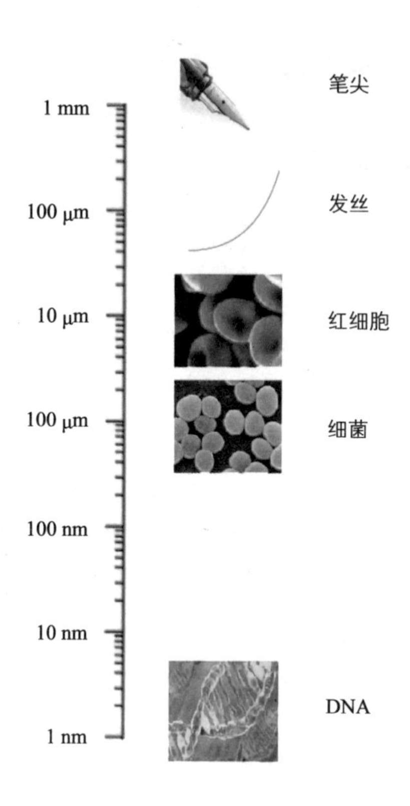

图 1.2 精密尺度的量级

糙度值在 0.3 ~0.03 μm 的加工设备，已经可以属于精密加工技术的范畴。但先进集成电路的制造工艺是在纳米量级，并不断朝着精细程度愈来愈高的方向发展。芯片制造工艺从 20 世纪 70 年代初开始，经历了 10 μm、6 μm、3 μm、1.5 μm、1 μm、800 nm、600 nm、350 nm、250 nm、180 nm、130 nm、90 nm、65 nm、45 nm、32 nm、22 nm、14 nm、10 nm、7 nm 等技术节点，一直发展到现在（2021 年）最新的 5 nm。当下，集成电路领域的创新技术还在飞速发展，我们相信集成电路还将为人类社会持续开创全新的信息时代。

“纳米城市”的质量标准

在集成电路的纳米世界里，数以亿计的晶体管鳞次栉比、纵横交错，构成了一座座雄伟壮观的“纳米城市”。我们现实生活中的高楼大厦有建筑标准，那么建造“纳米城市”的质量标准又是什么呢？

我们知道，硅目前仍然是芯片生产的基础元素。沙子是价格低廉的硅基

础材料，通过反复酸化与蒸馏的方式使多晶硅逐步精炼提纯，得到纯度达到99.99%以上的单晶硅，再将单晶硅硅锭切片并抛光得到用于生产芯片的硅片。为保证制造的合格率，硅片对平坦度有极高的要求，一片12英寸的硅片平整度要求不能低于50 nm，相当于影院用于投影的IMAX屏幕只允许一根头发丝直径的起伏高度。因此，硅片直径越大，成本越低，加工技术要求越高。

对硅片进行加工时，要经历多道工序。首先是表面氧化，然后依次完成涂胶、光刻、刻蚀、除胶的步骤，随后进行离子注入与镀铜。自此方才完成一层的加工。镀铜后不断重复这一系列过程，使层数累加，如图1.3所示。如有较为复杂的芯片加工要求，导线层数目甚至会达到几十层以上。

图1.3 “纳米城市”里的“高楼大厦”

如果说生活中我们评价一栋高楼大厦建造的质量好坏的标准是地基及地桩的强度是否够高、结构实体是否结实等常见的建筑质量指标的话，那么评价集成电路“纳米城市”的质量标准则显得有些不同寻常了。

评价“纳米城市”质量的第一个标准是“楼”和“楼”的距离是否够小，用集成专业术语的术语来说就是“线宽”（Line Width）是不是够小。大家经常听到的几纳米工艺，其实指的就是最小线宽达到了多少纳米。集成电路的线宽越小，同样面积的芯片上整合的晶体管数量越多，能耗就更低，性能就更强。由此可知，最小线宽也代表着集成电路制造技术水平的高低。全世界的集成电路设备商和集成电路制造商们，都在争先恐后地开发更先进的

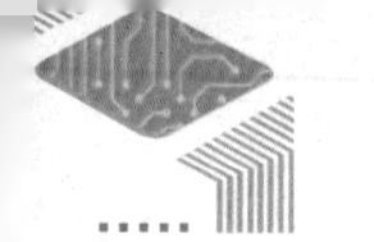

设备和工艺，让我们的“纳米城市”变得越来越密集。

另一个评价“纳米城市”的质量标准是“楼层”和“楼层”之间是否对齐。在集成电路制造的过程中，当前曝光的图形层与参考层在理想的情况下应该是完全对齐的，但实际上由于掩模变形、硅片变形、光学系统失真和工件台移动不均匀等因素的存在，两层图形之间位置会发生偏离，这个偏离的程度被定义为套刻误差（Overlay）。如果套刻误差过大，就会直接影响芯片产品的良率，也就是说这个“纳米城市”的质量达不到标准。

第二章 “精”彩纷呈
——揭开集成电路制造设备的神秘面纱

在上一章中，我们带领大家熟悉了一些与集成电路装备相关的基本知识。在这一章里，我们将正式走进集成电路制造设备的世界，我们的“精密之旅”从走进洁净室开始。

走进洁净室

我们作为“外来者”，为避免自己成为洁净室的污染物，必须先完成一系列保证空气洁净度的操作。每一个来到洁净室的集成电路制造设备的工作人员都必须严格遵守洁净室的规定。

首先我们需要穿戴防尘服，这是保证清洁度的首要措施。洁净室的发尘主要来自工作人员，占 90% 左右。对于工作人员的发尘量，随着防尘服的服装材料和样式的改进，发尘的绝对量也在不断减少。洁净室服装按照连体全罩式方案设计，有效减少了人员在洁净室内的发尘量。发菌量是描述产生细菌/微生物的指标。与发尘量类似，当洁净室内工作人员穿防尘服时，每人每分钟静止发菌量一般为 10~300 个，而穿平常衣服时，每人每分钟发菌量能达到 3300~62000 个。另外，不戴口罩与戴口罩导致的发菌量约是十倍的关系，同时考虑到人在咳嗽或喷嚏时也将产生更大的发菌量，因此进入洁净室前工作人员必须佩戴专门的口罩。

除了防尘服与口罩以外，针对可能出现的头发掉落问题以及操作集成电

路制造设备时手的直接接触问题，还需佩戴专门的发罩与手套。进入洁净室时也不能直接穿外鞋进入，必须更换为专用的无尘鞋，如图 2.1 所示。

图 2.1 进入洁净室前的着装准备

在穿戴好防尘服以后，在进入洁净室前还需要通过第一个关卡，那就是洁净室入口处的风淋间，如图 2.2 所示。风淋间形似一条走廊，前后两扇门作为进出洁净室的必经通道，相当于直接阻断了进出洁净室可能造成的污染。

图 2.2 风淋间

风淋间的原理是通过吹出洁净空气去除尘菌，能有效地避免尘菌由外界进入洁净区域。当材料、设备或者操作人员需要进入洁净室时，都需经风淋间吹淋进行清洁。大多数风淋间已经设定好风淋时间，并保证前后门的锁定状态，以防误操作污染洁净室。

此外，在通过风淋间进入洁净室以后，也需要尽可能避免不必要的来回走动。这是因为人在静止状态时的发菌量远小于活动状态时的发菌量。人体正常活动时每人每分钟的发菌量为150~1000个，快步行走时每人每分钟的发菌量则达到900~2500个。通常在洁净室内不允许进食、打电话和使用卫生间等活动。

洁净室的特别之处

洁净室中的设备通常以种类划分布局，按制造、清洗、检测等功能分别陈列于不同的区域。黄光间是洁净室的特殊区域之一。在生产和生活中，我们常常采用明亮的白色灯光作为照明光源，而唯独集成电路制造设备的洁净室内会设置黄光间，这是为什么呢?

从日常生活经验推断，我们可能会认为黄颜色的灯光更柔和，而事实并非如此简单。家居黄色灯光的主要目的仍然是照明，掺杂了很多其他波长的光线，而洁净室使用的黄色灯光不包括其他波长的任何光线，是单一黄光纯粹照明的“黄色房间”。黄光往往不是制造设备本身的需求，而是光刻胶的要求。与光刻胶有关的工序如曝光、显影等，都是光刻的重要步骤。光刻胶的光敏感范围在450 nm以下，只要满足光线波长在500 nm以上都算是安全波长，不会造成提早感光及误曝的情况。

理论上，红光、黄光、绿光、蓝光皆可用于洁净室的照明。出于对光的颜色影响操作人员心情的考虑，刺激性的红光、绿光被排除；蓝光在可见光中波长短，接近紫光与紫外线，为进一步确保工序合格率，也不予采用。最终，黄光入选成为洁净室某些集成电路制造设备的照明光源颜色，即单独的黄光间，如图2.3所示。

除黄光间外，洁净室内另一个特殊布局是管路设备。管路设备负责供应与排放制造设备使用的气体，洁净室内有序布局的管路能起到规范空间，

图 2.3　洁净室中的黄光间

便于储存使用等功能。集成电路中最为重要的元素是硅，因此制造设备里很多反应气体都是围绕硅展开的。在选择反应气体时，不仅要求其具有反应的还原性，如氢气、氨气等，也应使其生成物作为不影响硅固体材料的气体排出，如四氟化碳就是反应后常见的排出气体。集成电路的制造设备还需要氩气等保护气体才能完成制造。对于有毒气体，比如用作半导体硅掺杂源的三氯化硼气体，合理安置的管路能够严防渗漏，起到安全保护的作用。

集成电路制造设备的“十八般武艺”

通过上述介绍，我们已经熟悉了洁净室的一些基本要求和环境要求。集成电路的制造必须在达到环境要求的洁净室里进行。接下来，让我们走进洁净室，正式开始我们的“精密之旅”，去探访其中的神秘主角们吧。

半导体工艺从二十世纪七八十年代的 3~10 μm，发展至目前最先进的 5 nm 技术节点，设备的进步起着决定性的作用。集成电路制造工艺复杂，所需设备种类广泛，设备精密度要求极高。集成电路的制作是将在电子设计软件上设计好的电路图制作成掩模（Mask），然后通过上百道甚至上千道复杂的工艺，制成芯片产品。一般来说，集成电路制造设备可分为前道工艺设备和后道工艺设备两大类，如图 2.4 所示。前道工艺是指硅片制造厂的加工过程，即在空白的硅片上完成电路的加工；后道工艺是指硅片的切割、封装成品以及最终的测试过程。

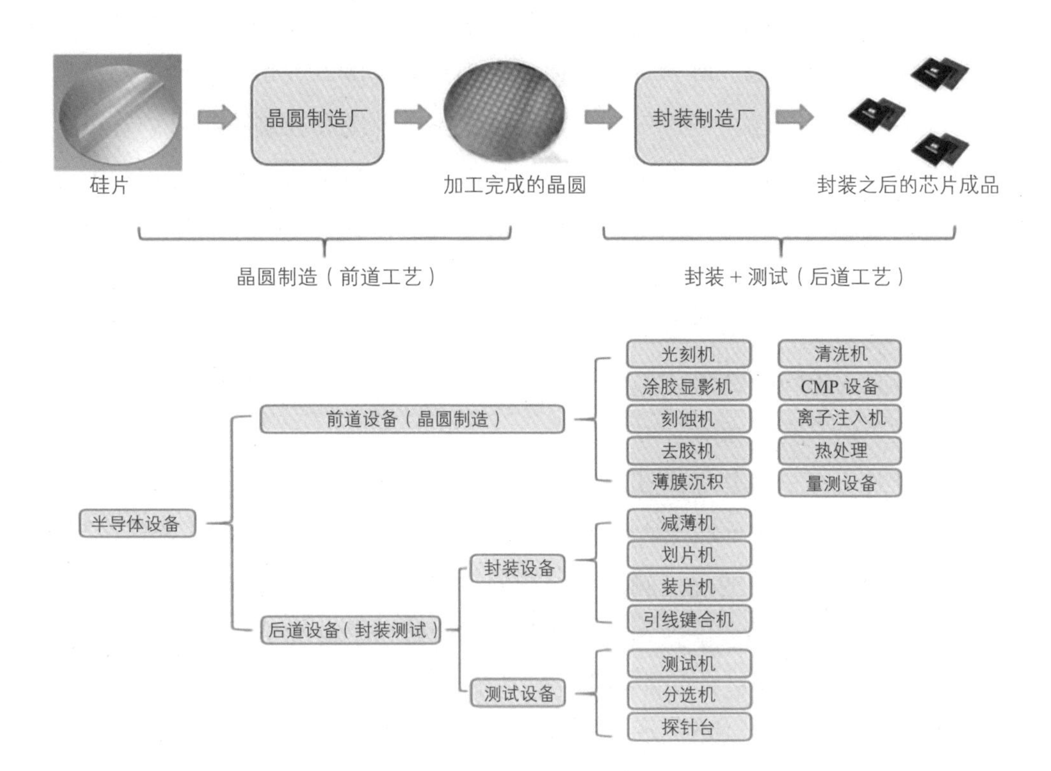

图 2.4　集成电路制造的前、后道工艺及相关设备

前道工艺设备

硅片加工的工艺流程包括热处理、光刻、刻蚀、清洗、离子注入、薄膜生长和抛光七大步骤。我们基于这七大步骤，来看看每个步骤分别都需要用到哪些主要的设备。另外，在某一工艺步骤完成之后，我们通常需要半导体量测设备来检测工艺完成的质量情况。

1. 热处理设备：热处理步骤主要包括氧化、扩散和退火等流程。氧化是将硅片放入高温炉中进行高温热处理，加入氧气与之反应，从而在硅片表面发生化学反应形成氧化膜的过程。扩散是指在高温条件下，通过分子热运动将杂质元素由高浓度区移向低浓度区掺入硅衬底中，使其具有特定的浓度分

布，从而改变硅材料的电学特性。退火是指通过加热离子注入后的硅片，使其产生特定的物理和化学变化，并在硅片表面增加或移除少量物质，达到修复离子注入带来的晶格缺陷的目的。

与热处理相关的一类设备统称为炉管设备。如果按设备的形态划分，炉管设备可分为立式炉、卧式炉和快速热处理炉三类。立式炉主要由五部分组成：炉管、硅片传输系统、气体分配系统、尾气系统和控制系统。炉管负责对硅片进行加热。硅片传输系统的主要功能是通过自动机械装置在炉管中进行硅片的装卸。气体分配系统负责将所需的气流传送到炉管中。尾气系统位于炉管一端的通孔，用来清除气体及其副产物。控制系统负责对炉子的温度、工艺步骤的顺序、气体种类、气流速率、升降温速率、装卸硅片等进行控制。卧式炉和立式炉的名称来自于反应腔形态的差别。立式炉因为其占地空间小，且可控性更强，所以当前应用得较多。

快速热处理炉是热处理步骤用到的另外一种高效的快速加热系统，可以迅速将硅片的温度升至加工所需的温度，在工艺步骤完成后也可以快速冷却。传统卧式炉和立式炉的温度测量和控制使用热电偶，而快速升温炉的温度控制更先进，允许对硅片单独加热和冷却。其中特殊的硅片装载装置加大了硅片之间的空隙，使得硅片间能够更均匀地加热或冷却。

2. 光刻设备：集成电路生产中的主要工艺是对硅片表面的掩蔽物（如二氧化硅）进行开孔，以便进行杂质的定域扩散。一般的光刻工艺要经过硅片表面清洗烘干、涂底、旋涂光刻胶、软烘、对准曝光、后烘、显影、硬烘和检测等工序。

涂胶显影机在光刻机对硅片进行曝光前，需要完成光刻胶的涂覆，以及在曝光后对图形进行显影。该设备的性能不仅对细微曝光区域的形成造成直接影响，而且其显影工艺的图形质量和误差控制对后续蚀刻、离子注入工艺中的图形转移结果也有着深刻的影响。

光刻机采用类似照片冲印的技术，把掩模版上的精细图形通过光线的曝光印制到硅片上。光刻机是生产大规模集成电路的核心设备，世界上只有少数厂家掌握了制造光刻机的技术，因此光刻机价格相当昂贵。

对准检测设备主要用于光刻工艺中掩模板与硅片的对准、芯片键合时芯片与基板的对准、表面组装工艺中元器件与 PCB 基板的对准，也应用于各种

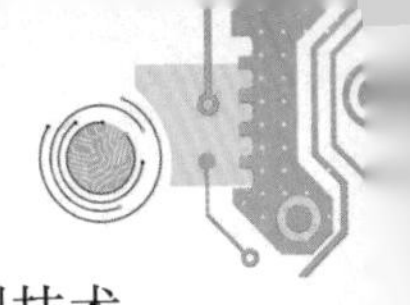

加工过程中，如硅片测试、硅片划片、各种激光加工工艺等。精密检测技术是对准检测的基础，检测方法主要有光学检测法和光电检测法。

3. 刻蚀设备：刻蚀是半导体制造工艺以及微纳制造工艺中的重要步骤。刻蚀是用化学或物理方法从硅片表面去除不需要的材料的过程，其基本目标是在涂胶的硅片上正确地复制掩模图形，是微加工制造的一种通用叫法。

刻蚀设备可以分为湿法与干法两种。湿法刻蚀是主要依赖化学的过程，低成本且易操作，但会存在图形控制性差等问题。干法刻蚀的特点是物理、化学或者物化兼备的过程，取决于等离子态气体是否与之发生反应。干法刻蚀是目前主要的刻蚀技术。按照干法刻蚀的等离子体的产生方式的不同，可以分为容性耦合等离子体（Capacitively Coupled Plasma，CCP）和感性耦合等离子体（Inductively Coupled Plasma，ICP）的刻蚀机。CCP 技术能量较高、但可调节性差，适合刻蚀较硬的介质材料（包括金属）；ICP 能量低但可控性强，适合刻蚀单晶硅、多晶硅等硬度不高或较薄的材料。刻蚀设备也可以按照被刻蚀材料来划分，主要分为硅刻蚀、介质刻蚀以及金属刻蚀。不同的刻蚀材质其所使用的刻蚀机的差距也较大。

4. 清洗设备：随着特征尺寸的不断缩小，半导体工艺对制造过程中引入的颗粒、有机物、金属和氧化物等污染物的含量越来越敏感。清洗的作用是去除前一步工艺中残留的不需要的杂质，为后续工艺做准备，因而清洗的重要性不言而喻。基本上每一轮沉积、光刻、刻蚀之后均需要清洗这一步骤，清洗的步骤占据整个硅片制造工艺的 30% 左右。

根据清洗的介质的不同，清洗技术可以分为湿法清洗和干法清洗。湿法清洗即使用化学药液、去离子水等液体清洗液对硅片表面进行清洗，利用化学反应以及机械洗刷等。干法清洗包括等离子体清洗、气相清洗、束流清洗等技术。目前湿法清洗是主要技术，占清洗步骤的 90% 左右。

槽式清洗设备是一种利用机械臂将载有硅片的容器依次通过盛有不同化学试剂的槽体进行单步或分步清洗的清洗设备。这种批量清洗的方法效率较高，但是存在交叉污染、清洗均匀可控性和后续工艺相容性等问题。

另外，单硅片清洗设备可以采用喷雾或声波结合化学试剂对单个硅片进行清洗。单硅片清洗首先能够在整个制造周期提供更好的工艺控制，即改善了单个硅片和不同硅片间的均匀性；其次，大尺寸的硅片和更先进的制程设

计对于杂质敏感度更高，单硅片清洗比批量清洗可以更好地控制交叉污染的影响。

5. 离子注入设备：离子注入是通过对半导体材料表面进行元素掺杂，从而改变材料特性的工艺制程。与热扩散的掺杂技术相比，离子注入技术具有以下特点：单面准直掺杂、良好的掺杂均匀性和可控性、掺杂元素的单一性，而且很容易实现掺杂区域的图形化。

离子注入机是集成电路生产线上最关键的设备之一，它一般是由离子源得到所需要的离子，经过加速得到几百千电子伏能量的离子束流。常用的生产型离子注入机主要有三种类型：低能大束流注入机、高能注入机和中束流注入机。

6. 薄膜生长步骤：薄膜生长是半导体制造中的一项重要工艺。总的来说，薄膜生长技术可以分为物理方法和化学方法。

物理气相沉积技术是采用物理方法将材料源（固体或液体）表面气化成气态原子或分子，或部分电离成离子，并通过低压气体（或等离子体），在基体表面沉积具有某种特殊功能的薄膜的技术。化学气相沉积设备利用热能、等离子体放电、紫外光照射等形式，使气态物质在固体表面发生化学反应并在该表面上沉积，形成稳定的固态薄膜。原子层沉积设备可以将物质以单原子膜形式一层一层地镀在基底表面。原子层沉积与普通的化学沉积有相似之处，但在原子层沉积过程中，新一层原子膜的化学反应是直接与之前一层相关联的，这种方式使每次反应只沉积一层原子。

7. 抛光设备：在半导体制造的过程中，抛光用于形成平坦的、无缺陷的表面，如图 2.5 所示。化学机械抛光（Chemical-Mechanical Polishing，CMP）技术用来对正在加工中的硅片或其他衬底材料进行平坦化处理。它的基本原理是将待抛光工件在一定的压力及抛光液的存在下相对于一个抛光垫作旋转运动，借助磨粒的机械磨削及化学氧化剂的腐蚀作用来完成对工件表面的材料去除，并获得光洁表面。

8. 量测检测设备：量测检测设备是指在硅片制造过程中检验某一工序完成质量的一类设备。由于存在多种测量指标，量测设备种类繁多，包括膜厚检测、方块电阻检测、膜应力检测、折射率检测、掺杂浓度检测、关键尺寸检测、无/有图形表面缺陷检测等各种设备。量测检测设备涉及电学、光学、

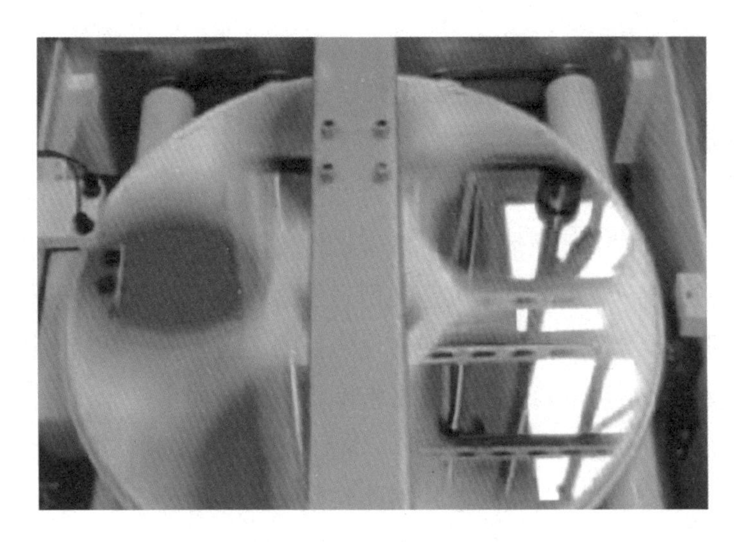

图 2.5　设备抛光中的硅片

光声技术等多个技术领域，难度较高。由于正确检测是半导体工艺的保障，因此量测检测设备重要性很强。

后道工艺设备

集成电路的后道工艺设备负责硅片的封装和测试，是制造流程中重要的收尾工作。半导体封装是利用薄膜细微加工等技术将芯片在基板上布局、固定及连接，并用可塑性绝缘介质灌封后形成电子产品的过程。封装的目的是保护芯片免受损伤，保证芯片的散热性能，以及实现电信号的传输。

半导体测试主要是对芯片外观、性能等进行检测，目的是确保芯片产品质量达到设计要求。测试设备按照应用产线的不同可以分为硅片测试（中测）和终端测试（终测）。硅片测试是在硅片制造厂出厂前做的整个硅片状态下的测试，终端测试则是封测厂将芯片完成封装之后对单个芯片成品性能的完整测试。按照测试对象的不同，测试机可以分为数字测试机、模拟测试机、数模混合测试机、存储器测试机等。测试机还要配合连接的设备使用，在硅片测试部分使用的是探针台，在终端测试使用的是分选机。

主要的封装测试设备包括：

1. 减薄机：在集成电路封装前，需要对硅片背面多余的基体材料去除一

定的厚度。这一工艺过程称之为硅片背面减薄工艺，对应装备就是硅片减薄机。减薄机是通过减薄/研磨的方式对硅片衬底进行减薄，改善芯片散热效果，减薄到有利于后期封装工艺的指定厚度。

2. 划片机：划片机包括砂轮划片机和激光划片机两类。砂轮划片机是综合了水气电、空气静压高速主轴、精密机械传动、传感器及自动化控制等技术的精密数控设备。激光划片机是利用高能激光束照射在工件表面，使被照射区域局部熔化、气化，从而达到划片的目的。因为激光是经专用光学系统聚焦后成为一个非常小的光点，能量密度高，因其加工是非接触式的，对工件本身无机械冲压力，工件不易变形，热影响极小，划片精度高。

3. 测试机：测试机是检测芯片功能和性能的专用设备。测试时，测试机对待测芯片施加输入信号，得到输出信号与预期值进行比较，判断芯片的电学性能和产品功能的有效性。在硅片检测（Circuit Probe，CP）和成品检测（Final Test，FT）环节，测试机会分别将结果传输给探针台和分选机。当探针台接收到测试结果后，会进行喷墨操作以标记出硅片上有缺损的芯片；而当分选器接收到来自测试机的结果后，则会对芯片进行取舍和分类。

4. 探针机：探针台用于封装工艺之前的 CP 测试环节，负责硅片的输送与定位，使硅片上的晶粒依次与探针接触并逐个进行测试。首先，通过载片台将硅片移动到硅片相机下，拍摄硅片图像，并确定硅片位置。然后，将探针相机移动到探针卡下，确定探针头位置，并将硅片移动到探针卡下。最后，通过载片台垂直方向运动实现对针，并对芯片依次进行测试。

5. 分选机：分选机应用于芯片封装之后的 FT 测试环节，它是提供芯片筛选、分类功能的测试设备。分选机负责将输入的芯片按照系统设计的取放方式运输到测试模块完成电路压测，在此步骤内分选机依据测试结果对电路进行取舍和分类。分选机按照系统结构可以分为三大类别，即重力式（Gravity）分选机、转塔式（Turret）分选机、平移拾取和放置式（Pick and Place）分选机。

第三章 精准的“注射”高手——离子注入机

芯片为什么需要“杂质”

在半导体硅片制造的过程中，由于纯净硅的导电性能很差，因此需要加入少量杂质来改变其载流子浓度和导电类型，使其结构和电导率发生改变，从而变成一种有用的半导体。这种在纯净硅中加入少量杂质的过程称为“掺杂”。目前掺杂主要有高温热扩散法和离子注入法两种。

在离子注入法中，离子注入机是主要角色。通过离子注入机的加速和引导，将要掺杂的离子以离子束形式入射到材料中去，离子束与材料中的原子或分子发生一系列的反应。在这一过程中，入射离子逐渐损失能量的同时，引起材料表面成分、结构和性能发生变化，最后停留在材料中，从而最终实现材料表面性能优化的目的。

那么离子注入法和高温扩散法又有什么不同呢？为何离子注入法会脱颖而出，成为主流掺杂工艺呢？首先我们先来分析一下高温扩散法的缺点与不足。由于高温扩散法是采用热扩散的原理进行掺杂的。从图 3.1 可以看出，随着扩散深度加深，热量逐渐丧失。因此，杂质分布的浓度随着掺杂深度的增加而逐渐降低，造成在硅片表面的杂质浓度最高而硅片深处杂质浓度最低。其次，由于高温扩散法会受到热扩散的影响，导致注入元素横向扩散至掩模层的下面，影响掺杂波形从而影响器件的电学性能。此外，由于高温扩散法

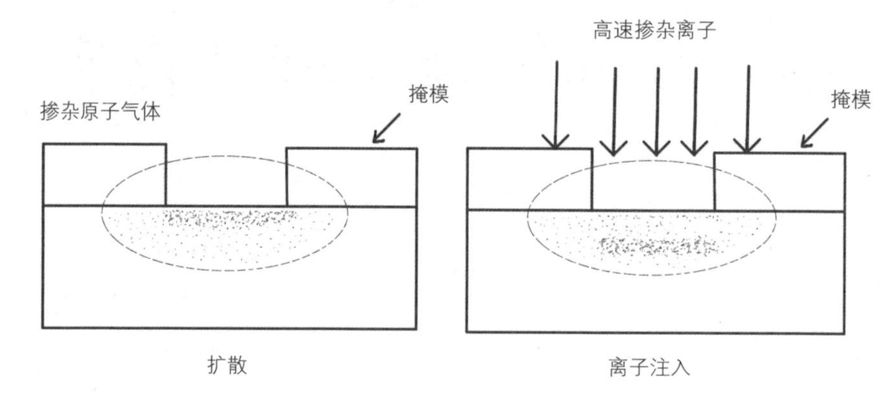

图 3.1　传统扩散与离子注入的掺杂分布示意图

需要高温环境，因此工艺处理时间更长。而离子注入法是利用高能离子注入的原理进行掺杂的，相比于高温扩散法，其可以在注入剂量、注入角度、注入深度和横向扩散等方面进行精准的控制。因此，杂质峰值浓度的深度可以根据入射离子的能量在硅片的任意位置进行调节，受热扩散的影响较小。杂质基本上是在掩模板外面的开放区域，不会扩散到掩模板下面。最后，由于离子注入法是常温下进行掺杂的，工艺处理时间相对较短。

通过以上两种掺杂工艺特点的比较，我们可以看出，离子注入法与高温扩散法相比，克服了常规工艺的限制，具备精确控制能量和剂量、掺杂均匀性好、纯度高、低温掺杂、不受注射材料影响等优点，是一种更加高效、精准且可控的掺杂方法。目前离子注入法占据着主流地位，已经成为 0.25 μm 特征尺寸以下和大直径硅片制造的标准工艺。而用于离子注入工艺的离子注入机则是集成电路制造工艺中必不可少的关键装备。

“注射”是一门大学问

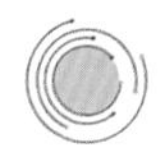

“离子注入”的奇妙之旅

离子注入机主要由离子源、质量分析器、加速系统、聚焦透镜、扫描和靶室系统、真空系统、电器设备和控制系统等多个部分组成，如图 3.2 所示。

离子注入机设备在工作时，为了获得所需的高能离子，它需要在离子源

中通过电离从原子外部除去一个或多个电子，这样电中性的原子通过增加一个或多个正电子而变成离子。电离后的离子们从离子源引出成为离子束。但是，由于从离子源引出的离子种类繁多，而所需要注入的离子束是一种特定元素的离子，因此，需要将含有“杂质”的离子束进行“过滤”，从而得到纯净的离子束。

质量分析器主要是利用电磁场的洛仑兹效应，使得运动的带电粒子在磁场中受力偏转。由于不同种类的离子具有不同的质量，因此不同种类离子的偏转半径不同，根据这一特性可以将包含许多种类离子的离子束分开，从而筛选出我们所需要的特定的离子束。经过分析器所筛选出的离子束，经加速系统中的电场力加速，从而改变离子的能量。

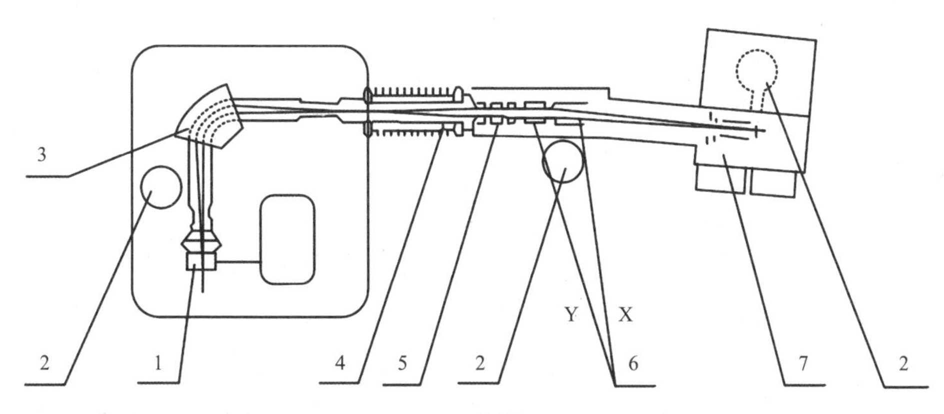

1—离子源　2—真空泵　3—质量分析器　4—加速管　5—四极透镜　6—扫描系统　7—靶室

图 3.2　离子注入机结构

为了保证离子均匀地注入，必须采用扫描系统对样品进行多次均匀扫描。目前有两种扫描系统：电扫描和机械扫描。前者是用离子束对样品进行固定和扫描。后者是固定光束位置，通过移动样品位置进行扫描。

注入室是承载注入样品的设备，也是这趟奇妙之旅的“终点站”。对于机械扫描，将靶室与扫描功能相结合。目前靶室有很多种，对它主要的要求是能够装载大量样品，改变样品的速度，以提高生产效率。其次，需要在靶室内安装能准确测量光束强度的接收装置。有些靶室还需要高温、低温和不同角度的注入。

此外，在离子注射奇妙之旅中还有一些辅助机构来为离子束“保驾护

航”。首先，因为起点（离子源）距离终点（目标室）通常是几米至几十米，为了减少离子在旅游期间的损失，有必要建立一些“燃料补给站”，即聚焦透镜，实现离子束聚焦，常用的聚焦透镜有四极透镜和单透镜等。

其次，由于离子与空气中的分子发生碰撞并被散射或中和，离子束就需要通过一个真空系统进行输送。系统的真空度一般要优于 1×10^{-5} torr（托），注入靶室的真空度要求优于 1×10^{-6} torr。此外，还需要有液氮收集器来冷却油蒸气，避免对注入样品造成污染，通常一台注入机有 2 套以上的抽气泵。

最后是为离子注入机提供能源的“加油站”和提供决策的“指挥中心”。离子注入机的“加油站”主要由各大电源组成：高压电源产生的高压电场用于离子束的加速、用于供给电磁铁激磁电流的分析器电源，以及用于供离子束扫描的扫描电源。“指挥中心”主要是设计控制系统控制离子源、真空系统和靶室等部分的工作。目前，离子注入机的控制系统逐步向自动化的方向发展，使得生产过程更加高效且安全。

奇妙之旅所面临的挑战

离子注入机是通过各个机械部分的协调作用来完成离子注入的奇妙之旅。那么，在这趟奇妙之旅中又会经历怎样的困难与挑战呢？

为了弄清这个问题，我们首先必须要来了解一下离子注入工艺中影响该工艺的重要参数，只有了解各项影响离子注入工艺的参数，才能更好地了解离子注入机在设计上所面临的挑战。接下来我们主要就六大重要参数进行简单介绍。

1. 离子种类：即注入硅片中的离子类型，如 $11B^{+}$，$11B^{++}$ 等。离子原本并不是长这个模样，它们是通过不同的化学物质，如氮气（N_2），四氟化硅（SiF_4），二氧化碳（CO_2）电离后，通过质量能量分析磁场筛选后得到的产物。

2. 能量：注入离子入射到硅片中的能量是通过萃取电场加速离子而获得的。对于一个给定的离子，能量决定了峰值处于在硅片的哪个位置。能量越高，打到硅中越深。但对于不同的离子，由于它们的质量不同，同样数量的注入能量会到达不同的地方，通过能量较大的双价或更高价态的低质量离子

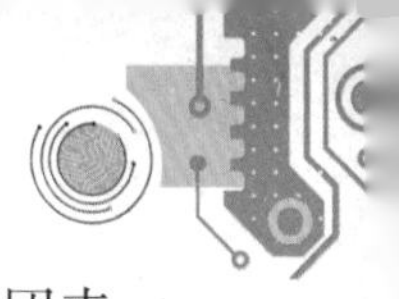

来实现深层注入，而通过单价的大质量离子，甚至利用更高质量的离子团来实现浅层注入。

3. 注射剂量：离子注入机在注射的整个过程中都会测量注入剂量。一旦注入剂量达到预设值，机器将自动停止注入。需要注意的是，注入剂量和最终硅片中的离子浓度是不同的概念。

4. 离子束：单位时间、单位面积通过的离子数。这个值直接决定离子注入的时间。如果注入剂量一定，离子束越大，离子注入的整个过程就越快，但电流越大，对机器状态和性能的要求就越高。

5. 注入角度：加速离子入射硅片的角度。我们经常讨论的角度主要是扭转角和倾斜角。倾斜角为当前光束与硅片表面法线的夹角；扭转角为当前光束在硅片表面的投影与硅片表面基准线的夹角。

6. 离子束均匀性：利用注入硅片相对位置离子束的均方差公式计算离子束均匀性，通过调节扫描宽度和速度将离子束均匀性调整到预设范围。

在了解各项影响离子注入工艺的参数后，离子注入机便需要针对以上重要参数进行相应的设计改进，主要的三点技术挑战包括：

其一是极低能量离子注入的均匀性：随着半导体技术发展到新的高度，器件尺寸变得更小，通道变得更短，结的深度变得更浅，这得益于越来越多的低能和超低能离子注入越来越大的体积。但由于低能束的空间电荷效应大，机器对其缺乏有效的控制，注入束非常小，导致硅片的注入速度慢，注入稳定性差，不适合商业化生产。因此，有必要对传统注入机进行改进，以满足现今工艺的需要。具体来说，一方面要把低能束控制好，另一方面要把相对较大的束调整好。

其二是注入角度准确性：随着器件的尺寸越来越小，沟道变得越来越短，为了防止通道隧穿效应，在过程中注入了许多大角度的反型离子。多个程序的注入角接近硅片的通道效应角，这就要求注入机对注入角和注入角的发散度有非常精确的控制。另外，由于栅极越来越窄，如果注入角发生偏差，器件的通道会进一步变窄，影响设备的电学性能，这就要求机器对光束角有更精确的控制。

其三是注入杂质在注入过程中的热扩散能力：由于对器件尺寸、结深度和晶格缺陷的形状要求越来越高，器件的性能受杂质的扩散影响。而普通离

子注入是在室温下进行的，而离子注入会产生大量的热量，从而使硅片的温度较高，使注入杂质扩散现象更加明显。这就要求离子注入机厂家对低温注入机做改进，使它可以更好地控制注入杂质的波形，减少晶格缺陷，从而提高器件的性能。

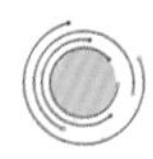

离子注入机的种类

离子注入机有几种不同的分类方法。根据能量，可分为低能、中能和高能离子注入机。这种分法没有严格的规定，根据实际注入所需要的能量，可把 100 keV 以下的注入机称为低能注入机，100~300 keV 范围的称为中能注入机，300 keV 以上的称为高能注入机。此外，按质量分析器和加速管的放置顺序，可分为先分析后加速、先加速后分析和前后加速中间分析等三种类型。下面我们就这几类不同结构的注入机作一些分析比较。

1. 先分析后加速类型：离子束直接从离子源（或通过初聚合系统）进入质谱分析仪，然后被加速。其特点是离子能量低，分析仪可制作得相对较小，成本低。由于分析在先，多余的离子过滤前加速度，所以高压电源的力量相对较小，产生的 X 射线机相应减少，和高压电源的电压波动不会影响分析仪的分辨率。另外，改变离子能量不需要调整分析仪电流，调整机器方便。由于具有这些优点，目前国内外多数定型产品都采用了这种类型的结构。

但这种类型的主要缺点是离子束在低能段飞行距离长，离子与系统中剩余气体分子进行电荷交换的概率高。空间电荷效应也很严重，导致更多的离子损失。同时，离子通过分析仪后，电荷交换产生其他元素的离子，即：

$$A^{+}+B \longrightarrow B^{+}+A$$

它也可以被加速到注入样品，从而影响注入离子的纯度。

这种结构有两种供电办法：

其一是离子源和分析器处于低电位，靶室处于高电位。这种供电形式使离子源和分析器的供电和调试方便。但是，由于靶室处于高电位，对观察、操作样品很不方便，特别是进行高低温注入更困难。对于具有装片容量大、

自动化程度高的注入室，上述缺点的影响则被大大降低，可以采用这种供电方式。

其二是离子源和分析器处于高电位，靶室处于低电位。这种供电方式使靶室处于低电位，具有处理样品方便的优点。相对说来，这种供电方式较前一种应用得更多。但是，分析器处于高电位会带来了调试和供电的困难。

2. 先加速后分析类型：先加速后分析类型的注入机是离子束从离子源发射后，首先进行加速达到设置的能量，然后进行质量分析。这种注入机的供电方式是离子源处于高电位，分析器和靶室处于低电位。

这类注入机的主要优点是离子束从离子源中被萃取后立即加速到较高的能量，在较低能量段的离子束漂移距离更短，从而减少了空间电荷和电荷交换效应的影响。这对于强束注入器是非常重要的。其次，经过分析仪后，由于电荷交换产生的其他元素的离子不能被加速，因此不会撞击进样，这也提高了进样元素离子的纯度。此外，由于目标室和分析仪的电势较低，便于处理注入样品和为分析仪供电。

这种类型的主要缺点是进行质量分析时的离子的能量较高。一般来说，能量更高的离子需要更大的质量分析仪。此外，前面描述的“先分析再加速”类型的其他优点也是这种类型的缺点。从实际使用的情况看，相对于先分析后加速类型的注入机，较少采用这种类型的注入机。

3. 前后加速中间分析类型：前后加速中间分析类设备的基本特点是将离子所需的最高能量一分为二，一半在分析器前加速，另一半在分析器后加速。注入机总能量为 400 keV，前加速用 200 kV 正高压电源，后加速用 200 kV 负高压电源。

很明显，这种类型的主要缺点是由于机器的两端都处于高电位，因此操作不方便，但它同时也具有离子能量的可调范围较宽的突出优点。它的后加速装置可设计成可装卸的，当安装后加速装置时，可作为高能注入机，而拆去后加速装置，它就成为一台先加速后分析的中低能注入机。另外，后加速电源可以是变极性的，也就是既可输出负高压，也可输出正高压。当用正高压时，就成为后减速，离子束可以从前加速得到较高能量，使其较为顺利地通过质量分析器，直到靶室前进行减速，这就大大减小了离子束在低能段的传输距离，也就减少了离子在传输过程中的损失，使机器在低能注入时也能

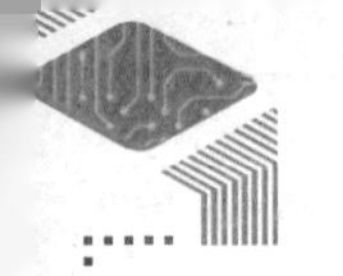

得到较大的束流强度。

这种类型的注入机，在保证有一定束流强度下，离子的能量可在一个范围之间调节，能够适应多方面的需要，这对于研究工作是十分有利的。

“蓄势待发”的离子源

离子源的作用首先是将所需元素的原子电离成离子，使离子带电，这样它们就可以在电场中加速。其次，离子源引导来自离子源的离子形成离子束，离子束的截面形状由离子源出口形状决定，它们通常是圆的，但有些是长条状的。

离子源是离子注入器的重要组成部分之一。离子注入机能注入什么样的离子，能提供多大的束流强度，主要取决于离子源的性能。由于离子源有很多种，所以在设计离子注入器时，必须根据离子类型和束流强度的要求选择合适的离子源。

离子源的主要类型

离子源的种类非常多，单就离子产生的方法而言主要分为以下三类：

1. 电子碰撞型：这类离子源是利用电子与气体或蒸汽的原子碰撞产生等离子体，然后从等离子体引出离子束，因此也称等离子体离子源。关于放电的形式，有电弧放电和高频放电。

2. 表面电离型：当电离电位较低的元素的气体（或蒸汽）碰到加热的具有大的功函数的金属（如钨、铂、铑等）表面时，就会使该原子失去一个电子而成为离子。根据这一原理，制成了表面电离源。

3. 热离子发射型：该类型离子源是基于高温固体表面发射热离子的原理，比如当加热具有分子式 $Al_2O_3 \cdot nSiO_2 \cdot M_2O$（M = Li，Na，K，Ph，Gs）的碱铝硅酸盐时，就会放出很强的碱金属离子束。当加热分子式是 $Al_2O_3 \cdot 2SiO_2 \cdot Li_2O$ 的人工合成物质加热至 1200~1350℃时，可发射出密度为 1~1.5 mA/cm^2 发射面的锂离子流。

后两类离子源的优点是离子发射面为固体的，可发射出低发射度的品质

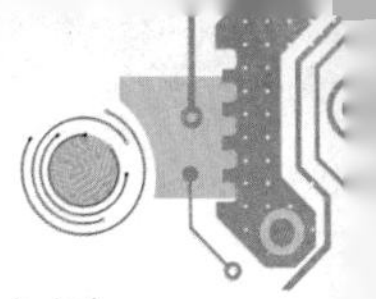

优良的离子束。但是这种源只能产生如铯、钾等碱金属和钕、镝等稀土金属类的离子，使用范围较窄，主要应用于同位素分离器中。

用于离子注入机的离子源主要有双等离子体离子源、潘宁源、尼尔逊源等。下面介绍这几种离子源的基本原理。

1. 双等离子体离子源：双等离子体离子源的“双”，可解释为以中间电极为界，形成两个等离子体的意思。这种源由于电孤放电被压缩到局部区域，能获得高密度的等离子体，是一种高亮度的离子源，所以被广泛采用。但它的缺点是结构较复杂，造价较高。

双等离子体离子源结构如图 3.3 所示。它的放电结构由热阴极、中间极、阳极和产生辅助磁场的线圈组成；引出系统由阳极、等离子体膨胀杯和引出电极构成。阴极一般是用钨丝、钽丝或氧化物阴极做成。中间电极接近阳极的一端，做成圆锥状，其张角一般在 90°~120° 之间（通常取 110°），中间有一直径 5 mm 左右、长 10 mm 左右用软铁材料做的孔道。阳极材料需要耐高温，因此一般是用钼材料制成一个插件镶在阳极板上，以便更换。阳极中间有一小孔，小孔直径一般取 0.5~1.5 mm，长度为 0.2~0.5 mm。阳极板是用软铁材料做的，其与中间电极之间用绝缘环绝缘，两者距离一般取 2~5 mm。引出电极通常用不锈钢做成，中间有一个较大（一般在 5 mm 左右）的引出孔。磁场线圈的外围套一软铁制成的导磁环，与中间电极、阳极板共同形成磁回

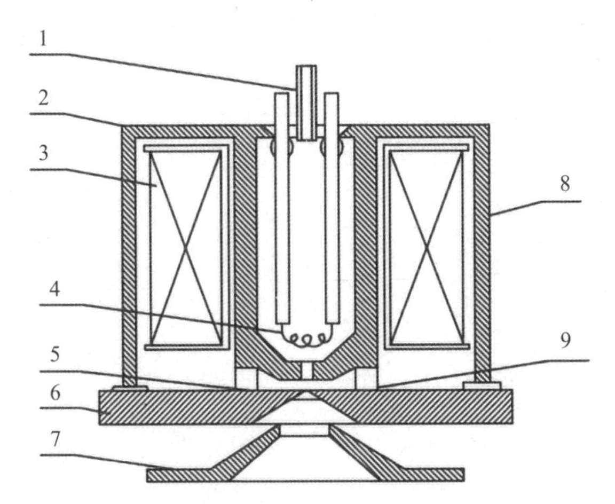

1—进气口　2—中间电极　3—磁铁线圈　4—热阴极　5—阳极

6—阳极板　7—引出电极　8—导磁环　9—膨胀杯

图 3.3　双等离子体离子源结构图

路。双等离子体离子源在工作时，阳极和磁场线圈处需要通水或用油进行冷却，一般是用气体或在常温下就具有足够饱和蒸气压的物质工作，因而双等离子体离子源有进气口。

2. 潘宁源和尼尔逊源：潘宁源和尼尔逊源的放电原理相类似，同属于电子振荡放电或反射弧放电。潘宁源的特点是能产生多电荷的离子，是目前用于产生多电荷离子束的主要离子源之一。它被广泛用于回旋加速器上。尼尔逊源属于高温源，它可以产生多种元素的离子束，起初主要用于同位素分离器上。现在这两种源在离子注入机上都有应用。

潘宁源的结构如图 3.4 所示，放电室由阳极 A、阴极 C_1 和对阴极 C_2 组成。阴极和对阴极处于同电位。阳极呈圆筒状，典型尺寸为直径 1 cm，长 10 cm。在阳极筒外围绕有磁场线圈 C，它可产生几百到几千高斯的轴向磁场 B。在阳极和阴极间所加的放电电压，从几百伏到几千伏都有。

从阴极 C_1 发射的电子，在阴极的位降区对其进行加速。由于轴向磁场的洛仑兹力的作用，电子围绕磁力线作螺旋线运动，跑向对阴极，而不能直接打到阳极上。当它到达对阴极附近时，又受到对阴极 C_2 的位降区电场的反加速，而被反射回来，重新向阴极 C_1 运动。这样，电子就可以在阴极和对阴极间来回振荡，有效地增长了电子的路径，从而增加了电子和气体原子或分子

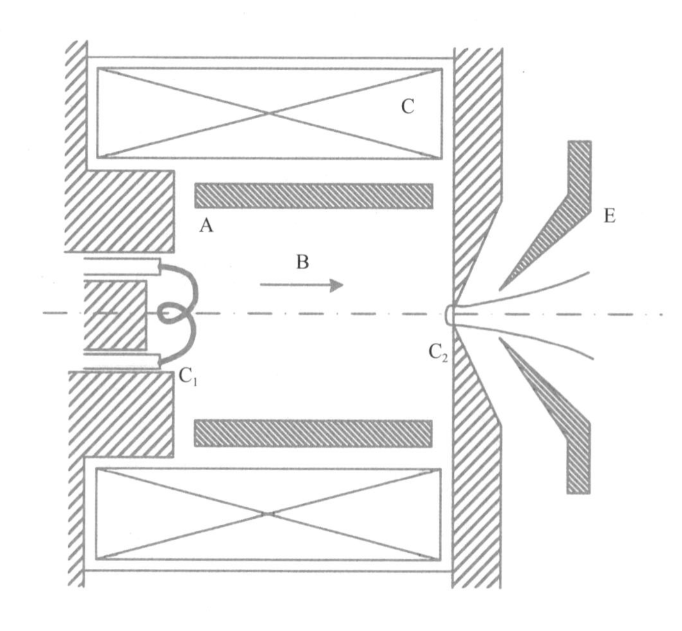

图 3.4　潘宁离子源结构示意图

的碰撞次数。当然，从阴极 C_1 发射的初始电子，只有当它第一次通过阳极区时与气体原子发生一次碰撞，损失部分能量，才有可能被对阴极反射回来。否则，将会在打到对阴极时而被损失掉。为了避免这种情况，有的潘宁源的对阴极不与阴极连接，而处于悬浮状态。当源开始工作时，将电子打上去，使其电位逐步降低，直至电子不能打上去为止。

为了满足同位素分离器的需要，尼尔逊等人设计了高温源。它的工作温度可达 1200℃，其放电室的结构和放电原理大致与潘宁源相同。与潘宁源的放电室相比，尼尔逊源的不同之点是阴极灯丝伸到放电室内部，利用灯丝的热量提高放电室温度。为了减少放电室的热损失，放电室阳极筒外装有热屏蔽。有的还在阳极筒上绕上加热炉丝，以进一步提高放电室温度。这种源在放电室上部设有工作物质挥发炉，因此可用气态、液态、固态的物质工作。为了便于更换工作物质，该源上设有一个阀门，可在不破坏真空的情况下更换工作物质。

尼尔逊源的阳极通常用石墨或钼筒制成，长度一般在 30~100 mm，直径在 30~50 mm，引出孔的直径在 2 mm 左右。一般工作参数是：磁场强度 300~1000 Gs；放电电压 100~200 V；灯丝电压 15 V、电流 50 A；工作气压（1~5）$\times 10^{-3}$ torr；引出束流强度由几百微安到几百毫安；离子能量分散度在 50 eV 以下，该源可产生大多数元素的离子束。

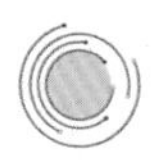

离子源的引出结构

一个好的引出系统具备了引出强束流且减小束流发散的能力。另外，还应该具有大的气阻，这是因为放电区域处于低真空区，而束流的加速空间必须是高真空区。如果通过的引出系统的气流过大，就会给高真空的获得带来困难，同时也会降低气体的利用效率。

图 3.5 是通过实践探索得到的一套引出结构。它的基本结构是两个带中间圆孔（或狭缝）的金属电极。这两个电极，一个叫阳极（或聚束电极），是放电室壁的一部分，另一个叫引出电极。两电极间接入引出电压室，其正端接阳极，阳极与等离子体相邻。由于等离子体相当于是一个良导体，所以等离子体处于与阳极基本相等（或从放电室的阴极引出时相差一个放电电压）

的电位上。这样在等离子体边界和引出电极之间，就形成了很强的加速离子的电场。当离子从等离子体发射面（即等离子体边界面）发射出来之后，便进入该电场加速，通过引出电极的中央孔，而形成离子束。阳极孔和引出电极孔的形状，有圆形和矩形两种，其尺寸通常在毫米数量级。小尺寸具有能够限制离子源气耗量的作用。

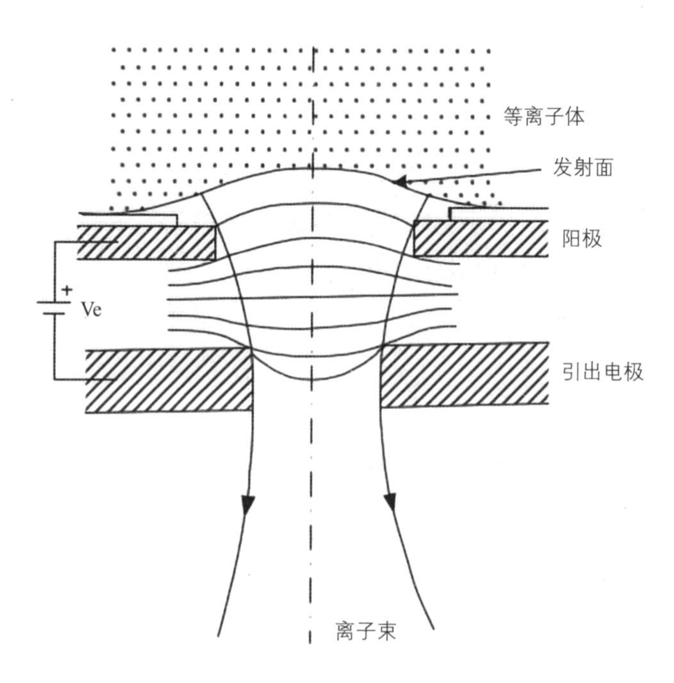

图 3.5　引出系统示意图

引出系统的具体结构有三种形式。如图 3.6 所示，图 3.6（a）中所描述的系统是由靠近阳极孔的等离子体表面引出离子。等离子体发射面接近于一平面，面积接近于阳极孔的面积，电极设计成保证引出平行束的形状。这种系统叫做皮尔斯系统。

图 3.6（b）所描述的系统是从离子源内部的等离子体边界面引出离子。该系统的等离子体发射面要大于阳极孔和引出电极的孔径，因而可得到较强的发射离子束。这种结构引出的是锥形束，它一般应用于等离子体密度较小的离子源中，如高频型离子源等。

图 3.6（c）所描述的系统是从扩散到真空中的等离子体边界面引出离子。这种系统具有很小的阳极孔，阳极孔外面设有膨胀杯，高密度等离子体从阳

极孔扩散到膨胀杯，然后引出离子束。由于膨胀杯的截面要比阳极孔的截面大得多，所以减小了等离子体密度，在引出离子束时，就可得到合适的发射面形状，以便得到高品质的离子束。同时，它还可降低引出空间的电场强度，有利于避免击穿现象。这种系统主要应用于能产生高密度等离子体的离子源中（如双等离子体离子源等）。

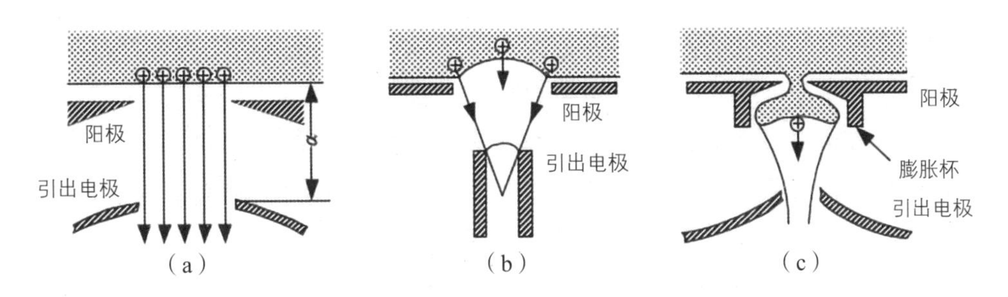

图 3.6　从等离子体引出离子束的方式

（a）平行束形状离子束；（b）锥形形状离子束；（c）发射面形状离子束。

“万箭齐发”的束线

当离子源部分形成形状良好的离子束进入束线部分时，将经过多次处理，从而得到所需的离子类型和离子束形状。它主要通过质量分析仪、加速度系统、聚焦透镜、扫描和靶室系统等。

事实上，不同的离子注入机之间最大的区别是在束线上。我们可以在质谱仪后增加加速电极或减速电极，使离子能量增加或减少，成为大电流或中电流注射机。可以在质谱分析仪中加入多级线性加速器，使其成为高能注入器。磁场扫描（非机械扫描）或电场扫描也可以通过在质量分析仪中添加水平扫描装置来实现。我们还可以在光束加速的末端添加一个能量分析仪，以筛选出具有我们所需能量的离子。由于机器设计的不同，实现这些功能的结构和设备也有所不同。

束线部分主要是通过质量分析器、加速系统、聚焦透镜进行加工处理的，因此我们就这几个主要部件进行简单介绍。

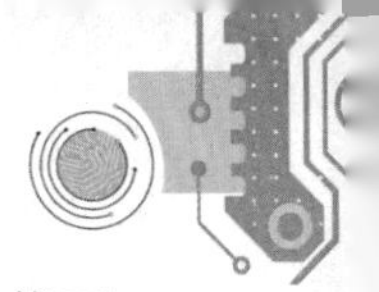

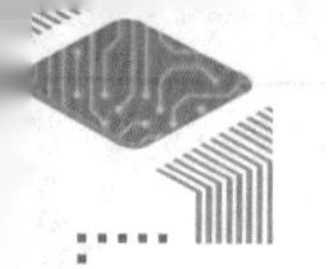

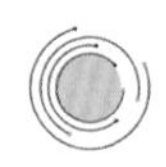

质量分析器

质量分析器是离子注入器的重要组成部分。要注入的离子束是特定元素的离子。然而，从离子源中提取出来的离子束并不纯，往往除了我们需要的一个离子外，还含有几个甚至十几个其他元素的离子。质量分析器将离子束中的离子按不同的质量数分成若干束，使所需离子通过分析仪到达靶室，并过滤掉剩余离子，保证注入元素的纯度。

质量分析器有磁分析器、正交电磁场分析器、四极质量分析器和高频质量分析器。在离子注入机中，普遍使用的是磁分析器和正交电磁场分析器，其中以磁分析器的使用最为广泛。

磁分析器是一个具有某一离子偏转半径的电磁铁。利用洛仑兹力的原理，运动的带电离子在磁场下做圆周运动。当具有相同能量和不同质量的离子进入磁场时，根据离子质量的不同，它们会发生不同半径的偏转。经过磁分析仪，将原有的离子束按离子质量的不同分成几束，从而达到离子分选的目的。磁质量分析器的优点是结构简单，工作稳定可靠，其缺点是造价较高。在离子注入机的设计中，必须仔细地选取它的参数，其中主要是偏转半径和磁感应强度。这两个量决定了磁分析器偏转和分选离子的能力。同时，质量分析器也有聚焦离子束的特性，从而减少离子束中离子的损失。

磁分析器结构如图 3.7 所示，它由直流电磁铁和真空盒组成。直流电磁铁由磁轭、磁极和励磁线圈组成。磁极和磁轭由软铁制成，磁场线圈通常用水冷却。偏转电磁铁根据其场强分布可分为均匀场和非均匀场。均匀磁场是指磁感应强度在磁极之间的均匀分布。非均匀场是指磁感应强度在两磁极之间按一定梯度的分布。用于离子注入机的分析磁体通常具有均匀的磁场。均匀磁铁的两极表面是相互平行的。极面通常是扇形的。极面之间的距离称为极面距离。真空盒通常由不锈钢或黄铜制成，放置在两极之间，作为离子束的通道。

当磁力线正交于极面时，根据实际测试结果，磁感应强度在距离磁极边界一极距离的区域内几乎是均匀分布的。这个区域叫做均匀区。在边界附近，磁场沿边界法向外逐渐减小，直至远离边界，磁感应强度等于零。这种边界

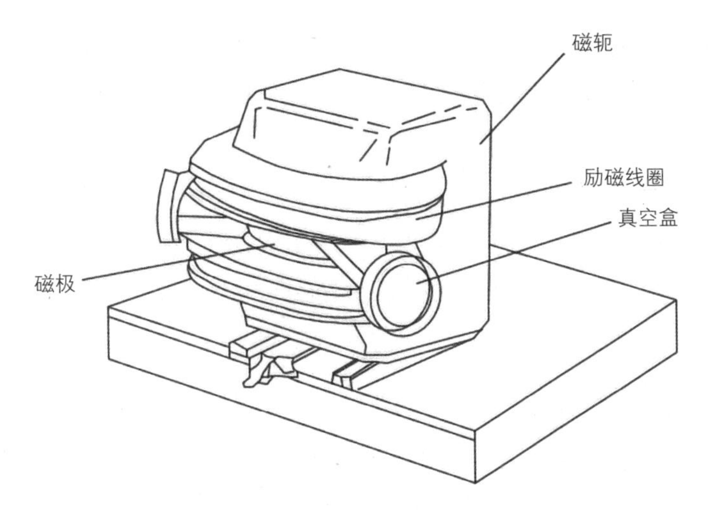

图 3.7 磁分析器结构

以外的磁场称为边际场。边缘场的存在对离子束的聚焦起着重要的作用。

离子在磁场中运动时，离子所受到的洛仑兹力与离子的速度相互垂直，所以离子在该力的作用下，只能改变离子运动的方向，而不能改变其速度的大小。因此离子可在均匀磁场中作匀速圆周运动。设圆周运动的半径为 R，则在磁分析器中，通常使用如下的公式进行磁铁的设计：

$$R=\frac{144.5}{ZB}\sqrt{mE}$$

其中，m 为离子质量，E 为离子能量，B 为磁感应强度，Z 为离子所带的电荷数。

根据该公式可知，当磁感应强度 B 一定时，具有相同电荷数和相同能量的离子，有相同的偏转半径；电荷数相同而能量不同的离子，因其偏转半径不同，而被分离。故磁分析器实质上是一个能量分析器。在离子能量相同时，由公式可知，不同质荷比 $\frac{m}{q}$（q 为离子的电荷量）的离子，其轨道半径亦不同。质荷比 $\frac{m}{q}$ 大，半径 R 便大。利用磁分析器的这一特性，实现了离子的分离。扇形磁场对相同电荷、不同质量的离子有较好的分离效果。

如果在磁体分析前后，在离子束上适当的位置设置狭缝 S_1 和 S_2，只有偏转半径为 R 的离子才能通过狭缝 S_2，其余的离子会因偏转而被过滤掉。S_1 的作用是限制入射离子束的宽度，保证不同质量的离子在离子束通过磁铁后能

够被分离。S_2 的作用是阻隔不需要的离子，只让需要的离子通过，从而达到离子分选的目的。如果励磁电流调整增加磁场从小型到大型，按照质量 m 的顺序（从小型到大型）不同质量的离子将与偏转进入轨道半径 R，不同质量的离子将获得在 S_2 背后的光束测量装置依次获得。

在离子注入机中，偏转电磁铁除了能够用作质量分析器外，还可用作束流导向器和磁阀等。由于偏转磁铁对离子束有偏转作用，因此在束流传输线的水平和垂直两个方向分别放置了两个小偏转磁铁，就可以调节束流的传输方向，起这样作用的磁铁叫做导向器。有的注入机同时装有几个靶室，可以做不同的工作，这也就是说注入机装有几条方向不同的管道，在分管道处也装有一个偏转磁铁，调节磁铁的励磁电流使束流偏转不同的角度，从而进入不同的靶室管道。起这样作用的偏转磁铁叫磁开关。

在其他类型的粒子加速器上，偏转磁铁还可以作为能量分析器来使用。当电荷和质量相同而能量不同的离子通过偏转磁铁时，也会使离子束分离。这样，如果离子束的能量有变化，就会使束流打到狭缝 S_2 上，取此讯号可以调整离子束的加速电压，达到稳定离子束能量的目的。对于加速脉冲离子束的加速器，偏转磁铁还可用作聚束器。它是使脉冲束沿偏转磁铁边界的不同位置射入，使先到的离子在磁铁内跑较长的路程，后到的离子跑较短的路程，使脉冲束通过磁铁后脉冲宽度变窄，达到聚束的目的。偏转磁铁在加速器技术中，虽有不同的用途，但其工作原理基本是一致的。

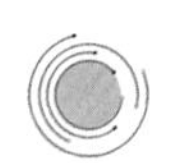

加速系统

加速系统的作用是形成一个电场。在电场力的作用下，离子被加速至要求的能量。在离子加速器中，离子加速主要分两类，即静电场加速的高压加速器和高频电场加速的周期加速器。离子注入机一般属于前一种。假设加速器管两侧的电压差为 ΔV，则离子通过加速器管获得的能量为：

$$\Delta E = Z\Delta V$$

这里 ΔV、E 分别以伏（V）和电子伏（eV）为单位。一个电子伏就是一个电子受到 1 V 电位差的加速获得的能量。Z 为离子所带的电荷数。如离子

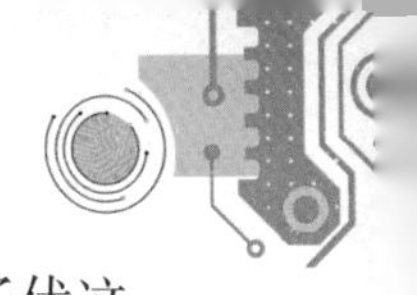

带的电荷数 $Z=1$，那么离子的能量就等于加速电压的数值。显然，电子伏这一单位是很小的，在离子注入机中的实用单位一般用的是千电子伏（keV）。

在高压型离子加速器中，通常要用到规范化电势这一概念，即规定离子动能为零的点的电势也为零，从而计算电势。这样，离子所具有的动能（以电子伏为单位），在数值上就等于该离子所在点的规范化电势（如果离子的电荷数为 1）。使用规范化电势的优点在于，不管加速带正电荷或负电荷的离子，其所用到的物理表示式是一样的。

这里需要说明的另一点是，在离子注入机的离子动力学计算过程中，是否能应用经典力学公式，还是必须利用相对论力学公式。我们知道，当运动物体的速度 v 远远小于光速 c 时，可以应用经典力学的公式，而离子注入机的能量一般在数十到几百 keV 之间。例如对于 600 keV 的硼离子来说，其速度为：

$$v=\sqrt{\frac{2E}{m}}=\sqrt{\frac{2\times6\times10^{5}\times1.6\times10^{-12}}{1.67\times11\times10^{-24}}}=3.4\times10^{8}\ \mathrm{cm/s}$$

而光速 c 为 $3\times10^{10}\ \mathrm{cm/s}$，可以满足应用经典力学公式的条件，因而一般只讨论非相对论的情况。

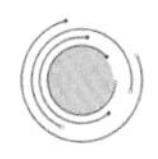

聚焦透镜

聚焦透镜利用磁场在垂直和水平方向压缩或拉伸离子束，使其形成相对良好的形状。这种磁场可以是永久性的，也可以是电磁的，需要调节磁场的强度以获得更好的离子束形状。

离子束从离子源到靶室一般都要传输几米到十几米的距离。一方面，离子束中的多数离子都有横向速度，离子间也要受到空间电荷力的作用而互相排斥；另一方面，离子在传输中也有可能与系统中剩余气体分子进行碰撞而出现散射。所有这些因素都会使束流的直径逐渐变大。为了使束流能顺利地传输，同时在靶上能得到合适的束斑，这时就需要聚焦，也就是利用一定形状的电极或磁极形成合适的电场或磁场分布，当离子束通过这种电场或磁场时会受到会聚（或发散）力的作用。这种能给离子束以聚焦（或散焦）作用的电场或磁场叫做离子光学透镜。

“工艺腔”里的故事

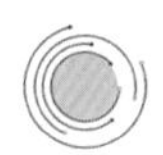

扫描和靶室系统

注入室是装入注入样品的设备。加速后的离子从束流线到达靶腔内的硅片，最终实现离子注入。根据机械结构的不同，靶腔内的硅片可以是静止的，也可以是垂直往复的，还可以是垂直旋转的。此外，靶腔内的硅片平面常随光束调整到一定的角度，以满足工艺的需要。靶室和终端的另一个功能是实现硅片的加载和卸载。

目前，有许多种类的靶室，它们的主要要求是能够装载大量的样本，以减少样品装卸和抽真空的时间，加快样品的更换，以提高生产效率。其次，需要在靶室内安装能准确测量光束强度的接收装置。有些靶室还需要高温、低温和不同角度的注入。为了减少离子注入时所造成硅片的晶格损伤，有时需要在靶室中采取高温注入。高温靶室中一般有 8 个基片装载板绕中心转轴旋转，中间夹层为固定不动的加热机构，利用它的热辐射，可使基片温度达到几百摄氏度。

此外，为了利用沟道效应，尽量使离子注入深些，则希望硅片温度低些，以减小晶格振动，这便需要在靶室中采取低温注入。在低温靶室中，一般是采取液氮来降低靶室的温度。在高、低温靶室的设计中应该考虑以下五方面的问题:（1）为了能在最短时间内使硅片达到所要求的温度，必须要有与硅片接触良好的导热板;（2）能准确地进行温度测量;（3）在高、低温辐射和传导的条件下，能维持系统的高真空;（4）能方便地对束流进行测量和观察;（5）要考虑到高、低温状态下样品支架的变形。

总而言之，在靶室的设计中，根据不同的用途及不同的工作条件，其具体结构也有所不同。但下述几项原则，在设计中应予以考虑：

（1）在保证注入均匀性的前提下，尽量减少非注入时间，提高离子束的应用效率；

（2）长期运行稳定可靠，基片装卸简便，便于流水作业；

（3）便于对离子束的观察和准确测量；

（4）根据需要可提供高、低温注入条件。

常见的离子注入机靶室分为 Z 型和转盘型两种。Z 型离子注塑机在射束线部分加上离子水平扫描装置，在靶室部分的硅片的垂直往复方向上注入。这一结构大幅度提升了靶室能够承载硅片的数量，提高了工作效率。转盘式离子注入机是采用了类似旋转木马式幻灯机的原理，将硅片装在一个轮形框架上，然后依次送入注入位置，注完一片自动更换，可实现多片硅片的同时注入。这种装置在注入更小面积的硅片时具有注射速度快的巨大优势。但是，这种结构的缺点是靶室体积较大，抽真空时间较长。为了克服上述缺点，成功研制了真空锁。它可使硅片从大气中一片片连续通过真空锁进入注入位置，注入完成后自动返回大气。真空锁的研制成功，使离子注入机的自动化生产的实现大大前进了一步。

下面介绍具有真空锁的转盘式离子注入机结构组成及工作过程。它由注入室及测量装置、硅片输入装置及入口真空锁、硅片输出装置及出口真空锁三部分组成。其大体的工作过程如下：把注入硅片置于输入托架上，将硅片送入入口真空锁内，硅片滑入送片阀之上。然后，入口阀前进将其封住，并预抽真空，送片阀后退，硅片滑入装片位置，并使其转到注入位置，进行离子注入。注入完毕后，硅片转入卸片位置，出口真空锁预抽真空，提起出口阀，硅片滑入出片阀之上。接着关闭出口阀，打开出片阀，硅片滑入输出托架上。

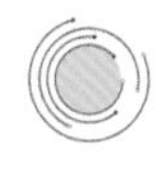

真空锁

真空锁的发明极大地促进了离子注入工艺的自动化进程。真空锁是一种在不破坏靶室真空的情况下，可以连续供片和卸片的装置。真空锁具有多种不同的结构，下面介绍一种结构比较简单的真空锁。这种真空锁的单元密封组件是由阀体、阀盖和膨胀塞组成。膨胀塞置于阀体的密封座腔内。膨胀塞内的橡皮管充气时，橡皮管与阀盖内表面紧密压在一起，可实现有效的真空密封，当降低橡皮管内气压时，注入硅片可顺着阀体内的凹槽滑下而通过橡皮管密封处。

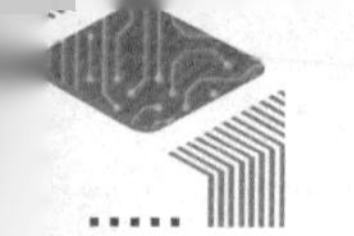

真空锁便是由四个这样的密封组件构成。四个密封组件把通道槽分成三个舱。它的工作流程是：第一个充气密封管排气后，基片进入第一个低真空舱，然后再充气，并用机械泵抽气，使其达到低真空。将第一个低真空舱与高真空舱之间的充气密封管排气使硅片落入注入位置。再将高、低真空之间的橡皮管充气，实现真空密封。这一过程会使高真空舱的真空度降低，但经过短暂的恢复时间即可开始注入。注入完成之后，再经过与上述相似的过程，硅片从第二个低真空舱卸出。这种真空锁的空气密封部件要定期进行更换才能保证使用的安全可靠。

第四章　精湛的“摄影”大师
——光刻机

走近光刻机

在集成电路的生产过程中，光刻机占有着很重要的地位。光刻机是整条生产线上制造难度最大的设备，它是光学、机械、电子、物理、化学和计算机等领域顶尖技术的产物，被誉为集成电路产业皇冠上的明珠。

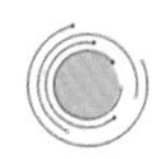

光刻的起源

目前，光刻机主要以光学曝光的方式进行。其曝光的工作原理类似于照片冲印技术。1839 年，法国画家达盖尔发明的银版摄影技术正式问世，于是世界上诞生了第一台可携式木箱照相机。早期胶片照相机拍照的过程其实是对带有感光材料（卤化银）的底片进行曝光，使得底片上的部分卤化银发生结构上的变化而形成一幅图像，但此时底片上的图像是不可见的，称为潜影。曝光得到的底片经过显影、定影、水洗和晾干等一系列的过程，形成影像可见的底片。接着用这些冲显之后的底片扩印出照片：放大机的光线经过底片照在带有一层卤化银的相纸上，使得相纸的感光材料发生不同程度的变化；曝光后的相纸再经过冲显，就得到了我们所看到的相片。

1855 年的某一天，法国一位名为柏德范的化学家首先在准备用于石印的

石版表面完整地涂布了一种由重铬酸钾和蛋白构成的水溶液，然后使其干燥，并通过一张图片对版面进行曝光，最后再用水冲洗版面。他发现，没有被光照射部分的液膜层全部都被水冲洗掉了，原本的石版表面再一次完全地裸露出来，而暴露在光源下的部分石版面上却仍旧保留着之前的涂布液膜，从而形成了一幅与所用图片的图案完全一样的影像。随后，他按照与上述石印相同的方法操作，将油性墨水只附着在图案表面，而图案表面依然保持洁净。这其实是一种利用光化学方法制作印版的平印技术，标志着照相制版技术的诞生。直到 1948 年，美国发明了无粉腐蚀法，照相制版技术开始获得广泛使用，并将其应用至集成电路板的制造上。不论技术怎样迭代，但万变不离其宗：利用照相复制和化学腐蚀相结合的技术来完成金属印刷版的制取。

光刻机是用来实现光刻工艺的设备，是整个芯片制造过程的核心，其工作原理就类似于冲显后的底片扩印照片的过程。对于光刻机来说，预先得到的掩模版就相当于冲显之后的底片，硅片则是相纸，而曝光过程就是将底片扩印成相片的过程。只不过，扩印照片是将底片上的图像扩大转移到相纸上，而光刻则是将掩模版上的图像转移到硅片上。

工艺节点是反映集成电路技术工艺水平最直接的参数。光刻工艺的发展过程其实是工艺节点不断缩小的过程，更小的工艺节点意味着更高的芯片性能，如表 4.1 所示。通常来说，光源的波长越短，所能达到的工艺节点也就越小。按照发展轨迹，最早的光刻机光源为汞灯产生的紫外光源。之后行业领域内采用准分子激光的深紫外光源，将波长进一步缩小到 193 nm。氩氟（ArF）准分子激光光源加浸液技术成为了当前的主流光刻技术。

表 4.1　光刻机设备的发展历程

应用年代	光　源	波长（nm）	设备类型	制程（nm）
20 世纪 80 年代早期	汞灯 g-line	436	接触式/接近式	250~800
20 世纪 90 年代初期	汞灯 i-line	365	接触式/接近式	250~800
20 世纪 90 年代后期	KrF 准分子激光 DUV	248	扫描投影式	130~180
21 世纪 00 年代初期	ArF 准分子激光 DUV	193	步进扫描投影式	65~130
21 世纪 00 年代中期	ArF 准分子激光 DUV	193（等效 134）	步进扫描投影式（浸没式）	22~45
21 世纪 10 年代末期	极紫外激光 EUV	13.5	步进扫描投影式	7~22

光刻的过程

光刻机的主要任务是将承载集成电路版图信息的掩模图形转移至硅片的光刻胶上。图形转移是通过对光刻胶进行曝光实现的，光束照射掩模后，一部分穿过掩模继续传输，一部分被阻挡，从而将掩模图形投射到光刻胶上。光刻胶被光照射的部分发生光化学反应，而未被光照射的部分不发生光化学反应，从而将掩模图形转移到光刻胶内。

不同类型的光刻机将掩模图形曝光到光刻胶内的方式也不同，接近/接触式光刻机直接将掩模图形曝光到光刻胶上，而投影光刻机则通过成像的方式将掩模图形曝光到光刻胶上，穿过掩模的光被投影物镜汇聚到光刻胶上形成掩模图形的像，从而完成光刻胶的曝光。

一个完整的光刻工艺主要分为以下几个步骤，如图 4.1 所示：

（1）涂胶：在硅片上形成厚度均匀、附着性强、没有缺陷的光刻胶薄膜。

（2）前烘：光刻胶薄膜残留有一定含量的溶剂。经过较高温度的烘烤，可以将溶剂尽可能地挥发除去。

（3）曝光：对光刻胶进行光照，此时光反应发生，光照部分与非光照部分因此产生溶解性的差异。

（4）显影与坚膜：将产品浸没于显影液之中，此时正性胶的曝光区和负性胶的非曝光区则会在显影中溶解，以此呈现出三维的图形。经过显影后的硅片，需要一个高温处理过程，成为坚膜，这么做的主要目的是进一步增强光刻胶对衬底的附着力。

光刻胶（Photoresist）又称光致抗蚀剂，是指通过紫外光、电子束、离子束、X 射线等的照射或辐射，溶解度发生变化的耐蚀剂刻薄膜材料。它是由感光树脂、增感剂和溶剂三种主要成分组成的一种对光敏感的混合液体。它是光刻中极为重要的一类材料。

正性光刻胶成像原理是指曝光区域的光刻胶发生光化学反应，在显影液中软化而溶解，而未曝光区域仍然保留在衬底上，将掩模版上对应的图形复制到衬底上。而负性光刻胶成像原理则是指曝光区域的光刻胶因交联固化而不溶于显影液，将掩模版上的对应图形反向复制到衬底上。这样一来，就可

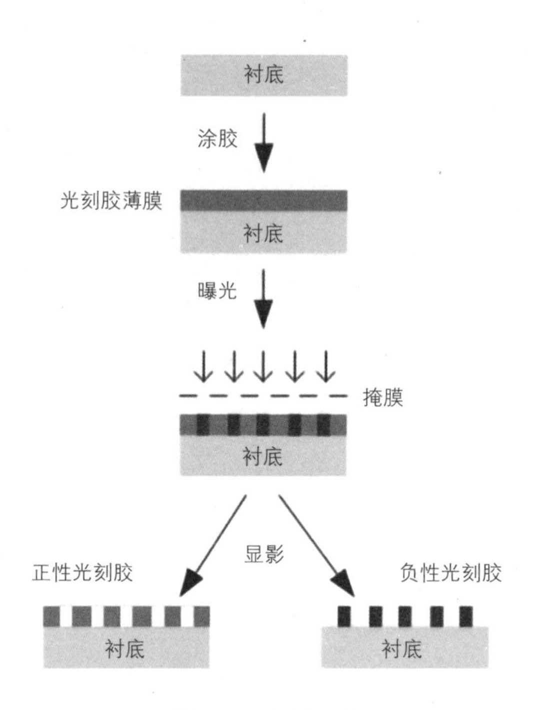

图 4.1　光刻过程

以对裸露出来的硅片进行相应的处理，而不影响被光刻胶覆盖的部分。

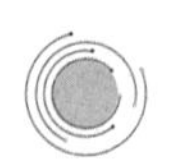

曝光的方式

光学曝光的原理与照相印刷的原理类似，只是在显影过程中用半导体硅片和光刻胶代替了相纸和感光涂层。一个复杂的三维集成电路结构可以通过专业软件分解成多层二维平面结构，每一层二维图形就是一个掩模图形。光学掩模是覆盖有金属层的玻璃或石英板，通过掩模工艺在掩模版上刻画出二维图形，从而在掩模版上形成透光和不透光部分。光学曝光的目的是在光刻胶上成像网格图案。曝光和显影后，掩模的图形结构被复制到光刻胶上。实际的光学曝光是一个复杂的物理化学过程。它涵盖了一系列相关技术，如光学成像系统、耐光性特性、曝光和耐光性开发的工艺条件、光学掩模的设计和制造等。

需要注意的是，所谓曝光并不一定与光有关。这里的曝光是广义的概念，还包含非光学的电子束、离子束和 X 射线的曝光方式。

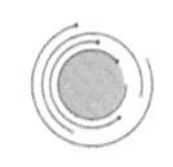

光刻机的组成

为了将掩模图形以成像的方式曝光到光刻胶上，投影光刻机首先需要一个投影物镜将掩模图形成像到硅片面上。实现成像需要对掩模图形进行照明，因此投影光刻机还需要照明系统。光源发出的光经过照明系统后形成满足掩模照明所要求的照明光束。由此可见，投影物镜和照明系统组成了光刻机的曝光系统。

其次，将掩模图形投影成像到硅片面上，需要使掩模面位于投影物镜的物面，硅片面位于投影物镜的像面，投影光刻机还需要一个分别承载掩模与硅片并控制其位置的掩模台与工件台系统。

曝光时硅片面必须处于投影物镜的焦深范围之内，因此光刻机还需要调焦调平系统来精确测量并调整硅片面在光轴方向的位置。为了使掩模图形精准曝光到硅片面的对应位置，光刻机需要对准系统，精确测量并调整掩模与硅片的相对位置，在曝光之前实现掩模与硅片的对准，使掩模图形在硅片上的曝光位置偏差在设计范围之内。

另外，投影光刻机还需要掩模传输系统和硅片传输系统，用于自动传输、更换掩模和硅片。为了保证硅片处于洁净的工作环境中，光刻机还需要环境控制系统。最后，光刻机中还包括整机框架、减振系统、整机控制系统和整机软件系统等，如图 4.2 所示。

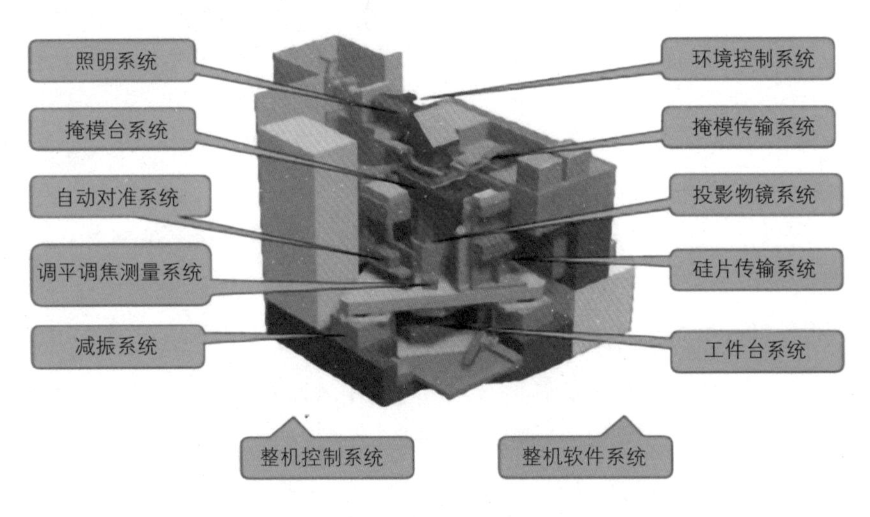

图 4.2　光刻机总体结构

如何评判光刻机的“武功”

评价光刻机性能的指标主要有三个，分别是分辨率（Resolution）、套刻精度（Overlay）和产率（Throughput）。分辨率评价光刻机转移图形的细微化程度，套刻精度评价图形转移的位置准确度，而产率则评价图形转移的速度。

分辨率

光刻分辨率一般有两种表征方式，即 Pitch 分辨率（Pitch Resolution）和 Feature 分辨率（Feature Resolution）。Pitch 分辨率是指光刻工艺可以制作的最小周期的一半，即 Half-Pitch（HP）。而 Feature 分辨率是指光刻工艺可以制作的最小特征图形的尺寸，即特征尺寸（Feature Size，FS），又称为关键尺寸（Critical Dimension，CD），如图 4.3 所示。

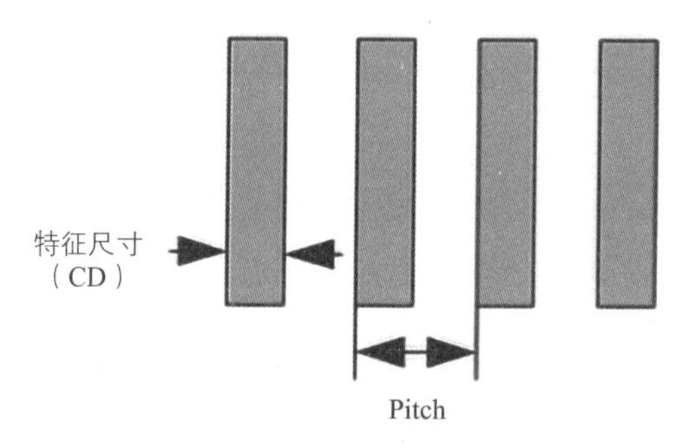

图 4.3　光刻分辨率示意图

光刻机的分辨率一般是指 Pitch 分辨率，它决定了掩模版上相邻两点在硅片表面可以清晰成像的对应的最小距离，或区别硅片表面上两个或更多的邻近特征图形的能力。它是光刻机最重要的技术指标之一，决定了集成电路的技术节点水平。光刻的分辨率会受到光学衍射的限制，所以与光源、光刻系统、光刻胶和工艺等都息息相关。但必须注意的是，虽然分辨率和光源波长有着密切关系，但两者并非是完全对应。具体而言两者之间的关系由著名的瑞利判据（Rayleigh Criterion）决定：

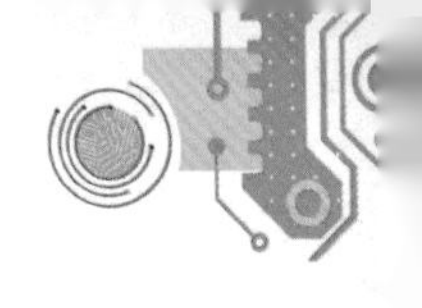

$$R=K_1 \cdot \frac{\lambda}{NA}$$

公式中，R 代表分辨率；λ 代表光源波长；K_1 是工艺相关参数；NA（Numerical Aperture）被称作数值孔径，是光学镜头的一个重要指标，用以衡量光学系统能够收集的光的角度范围。在 NA 和 K_1 不变的情况下，λ 的大小直接决定光刻机的实际分辨率。因此，在光刻机的发展进程中，人们通常希望光源的波长能够尽可能的小。

光刻分辨率的进一步提高依赖于所谓的分辨率增强技术（Resolution Enhancement Technology，RET），实际上就是根据已有的掩模版设计图形，通过模拟计算确定最佳光照条件，以实现最大共同工艺窗口。常见的 RET 技术主要包括离轴照明（Off-Axis Illumination，OAI），光学邻近校正（Optical Proximity Correction，OPC），移相掩模（Phase-Shift Mask，PSM）等技术。

套刻精度

集成电路制造需要经过几十甚至上百次的光刻曝光过程，将不同的掩模图形逐层转移到硅片上，从而形成集成电路的复杂三维结构。每一层图形都需要被精确地转移到硅片面上的正确位置，使其相对于上一层图形的位置误差在容限范围之内。套刻精度是一个用于评价硅片上新一层图形相对于上一层图形的位置误差（套刻误差）大小的一项指标，其基本含义是指前后两道光刻工序之间彼此图形的对准精度。对于高端的光刻机，一般设备供应商就套刻精度而言会提供两个数值，一种是单机自身的两次套刻误差，另一种是两台设备（不同设备）间的套刻误差。

套刻误差会降低芯片层与层之间电气连接的可靠性，影响芯片的电气性能。如果套刻误差超过容限，可能造成短路或者断路，使得芯片不能正常工作，从而直接影响芯片制造的良率。芯片制造对套刻精度的要求与 CD 密切相关，CD 越小，所要求的套刻精度就越高。一般而言，套刻精度要小于 CD 的 30%。多重图形技术（Multiple Patterning）的引入则对套刻精度提出了更高的要求，要求其小于 CD 的 15%。

对于光刻机而言，套刻精度主要受限于对准系统的测量精度和工件

台/掩模台的定位精度。此外，投影物镜的像差会引起掩模图形在硅片面的成像位置偏移，这也是影响套刻精度的重要因素之一。

产率

产率是指光刻机单位时间曝光的硅片数量，一般用每小时曝光的硅片数量（Wafer Per Hour，WPH）表示。光刻机的产率影响硅片厂的利润率，因此提高产率可以降低芯片的制造成本。

芯片制造工厂的建设需要投入巨额资金，在这其中，芯片制造设备的购置费用占很大的比例。因此，设备折旧费用是芯片制造成本的重要组成部分。通过提高设备产率，将设备折旧费分摊到更多的硅片中，可降低每个芯片的制造成本，从而提升硅片厂的利润率。投影光刻机的产率与光刻机的光源功率、曝光场大小、曝光剂量、硅片上的曝光场数量、工件台步进速度等因素有关。

光刻机的“光”是怎么来的

汞灯光源

汞灯光源是利用汞放电产生汞蒸气从而获得光源，其光谱范围较宽且具有较高的亮度，如图 4.4 所示。汞灯的基本原理为：在熔融石英灯室中填充汞与惰性气体氩气或氙气，在灯室的阳极与阴极之间施加高频高电压，使得填充的惰性气体电离，放电使得灯室内的汞蒸发，并辐射出光。汞灯可分为三种，分别是低压汞灯、高压汞灯和超高压汞灯。

1. 低压汞灯：点燃时，汞蒸气气压低于大气压，其汞原子的主要辐射波长是 253.7 nm 的紫外线。

2. 高压汞灯：点燃时，汞蒸气的气压为 2~5 个大气压，其辐射的紫外光谱更宽，呈蓝绿色，可用于光化学反应、光刻、紫外缺陷检测和荧光分析等。

3. 超高压汞灯：点燃时，汞蒸气气压达到 10 个大气压以上。该灯具有从长波紫外光到可见光的强辐射，电弧亮度很高。有短弧超高压汞灯和毛细管超高压汞灯两种。短弧超高压汞灯是一种点光源，可以辐射出极强的紫外光和可见光，广泛应用于荧光显微镜、紫外分光仪、全息照相等光学仪器，以及集成电路中的光刻制版工艺。毛细管超高压汞灯主要用于照相制版和彩色显像管涂荧光屏制版工艺。

应用于光刻的汞灯光源，属于高压汞灯。高压汞灯工作时，电流通过高压汞蒸气使其电离激发，从而与放电管内的电子、原子和离子发生碰撞而发光。在放电过程中，波长为 253.7 nm 的共振线（辐外光谱）被吸收，而可见光谱的强度增加。高压汞灯主要辐射是 404.7 nm、435.8 nm、546.1 nm 和 577.0~579.0 nm 处的可见光，此外还有强度较强的 365.0 nm 的长波紫外线。其中，405 nm 的 h 线（h-line）、436 nm 的 g 线（g-line）可见光和 365 nm 的 i 线（i-line）紫外光被用作光刻机的光源。

使用汞灯作为光刻机的曝光光源，其所面临的主要挑战是如何获得高功率、高能量稳定性和长的使用寿命。汞灯在高压放电状态下工作，其输出光功率仅是其输入电功率的 5% 左右。提升汞灯的输出功率需要提升输入的电功率或者提升转换效率。在实际使用时，电极材料持续沉积在灯室内壁上，会减小光辐射的输出功率。为保持光刻机的高产率，汞灯在使用几百小时后需要更换。汞灯的功率稳定性主要由灯室的温度决定，在汞灯运行过程中，

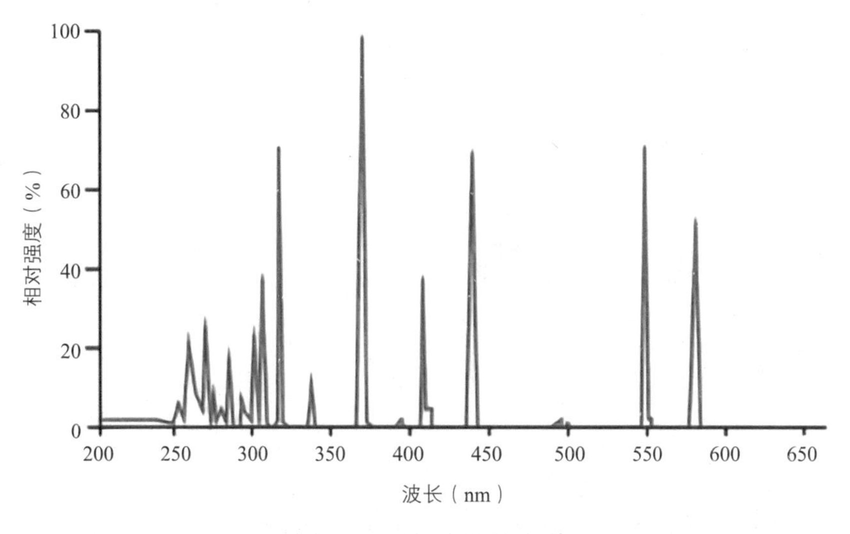

图 4.4　汞灯光源的光谱

灯室的温度可达到700℃。

为了实现更高的分辨率，汞灯光源被替换成了波长更短的准分子激光光源。

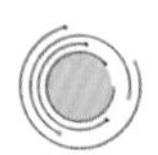

准分子激光光源

准分子激光（Excimer Laser）是指受到电子束激发的惰性气体和卤素气体结合的混合气体形成的分子向其基态跃迁时发射所产生的激光。准分子激光属于冷激光，无热效应，是方向性强、波长纯度高、输出功率大的脉冲激光。其光子能量波长范围为157~353 nm，寿命为几十纳秒，属于紫外光。其中，半导体光刻采用的主要是248 nm氪氟（KrF）和193 nm氩氟（ArF）准分子激光。

KrF准分子激光器是最早引入光刻的准分子光源，主要应用于180~100 nm工艺。ArF准分子激光器广泛应用于90 nm及以下技术节点的半导体量产。

重复频率是准分子激光器的重要指标，它表示激光器单位时间内发出的脉冲数。在单个脉冲能量不变的条件下，当激光器重复频率增大时，达到同等曝光剂量所需的时间减少，从而提升了光刻机的产率。准分子激光器自20世纪80年代用于光刻机以来，重复频率已由最初的200 Hz提升至目前的6 kHz。

为了保证激光器的正常运行，需要定期更换工作气体。早期的准分子激光器每产生10万个脉冲便需要更换一次工作气体。随着技术的发展，当前商用光刻机的准分子激光器可以做到每产生20亿个脉冲更换一次工作气体。更换一次气体可以支撑光刻机持续运行数天。

光刻机“照相”的过程

光学曝光原理

光学曝光可大致分为掩模对准式曝光与投影式曝光两种。掩模对准式曝光包括接触式曝光与接近式曝光。下面分别对掩模对准式曝光与投影式曝光

进行介绍。

1. 掩模对准式曝光：早期，各个集成电路制造商都采用掩模对准式光刻机，该曝光方式可以真实地再现掩模图案，但它要求掩模与光刻胶表面充分接触。按照接触压力可分为硬接触曝光和软接触曝光。所谓的硬接触曝光是指掩模与涂有光刻胶的硅片通过施加外部压力实现完全接触。另外，可以通过调节压力来实现软接触。当然也可以使掩模与胶表面保持一定间隙，从而成为接近式曝光（Proximity Printing）。

掩模对准式曝光的图像质量可以通过计算机模拟来表示。接近式曝光的优点是掩模版不与硅片接触，掩模版的寿命可以非常长。但是，掩模与胶面之间的间隙会造成光强分布的扭曲，从而直接影响图像质量。因此，理想的接触曝光应该是硬接触曝光。但是，硬接触暴光的致命缺点是掩模极易被损坏。这种损坏可能是由于与铬层的接触摩擦导致，或者部分光刻胶由于硬接触而附着在掩模上。也就是说，掩模对准式曝光难以使得高曝光质量和长掩模寿命同时实现，因此它逐渐被集成电路行业淘汰。

2. 投影式曝光：大规模集成电路的生产要求之一是批量生产以降低成本。掩模对准式曝光无法满足这种需求，因此很快被投影式光刻（Projection Lithography）所取代，如图 4.5 所示。投影式曝光分为 1∶1 投影和缩小投影。

图 4.5　投影式光刻机结构

1∶1投影通过光学成像将掩模上的图案投影到硅片表面。成像质量完全取决于光学成像系统，与掩膜和硅片之间的距离无关。通过投影式曝光的方式，克服了上述在接近式曝光时光学成像不一致的缺点。但是，1∶1成像时，要求掩模图案与硅片上的图案一样大。随着IC图形尺寸的减小，制作1∶1投影曝光掩模变得越来越困难。用于缩小投影式曝光（4∶1缩小）的掩模图案可以是硅片上图像图案的4倍，因此掩模的制造要容易得多。因此，缩小投影曝光成为20世纪80年代以来集成电路生产中使用的主要曝光手段。

从技术发展的角度来看，投影式曝光技术又可以分为以下几个阶段：

（1）扫描投影曝光：在20世纪70年代末至80年代初，工艺节点为1 μm，掩模版为1∶1全尺寸；

（2）步进重复投影曝光：在20世纪80年代末至90年代，工艺节点为0.35（I line）~0.25 μm，掩模版为缩小比例为4∶1，曝光区域（Exposure Field，一次曝光所能覆盖的区域）为22 mm×22 mm，棱镜系统的制作难度增加；

（3）步进扫描投影曝光：在20世纪90年代末至现在，用于0.18 μm及以下工艺节点，采用的掩模板按照4∶1的比例曝光，曝光区域为26 mm×33 mm。

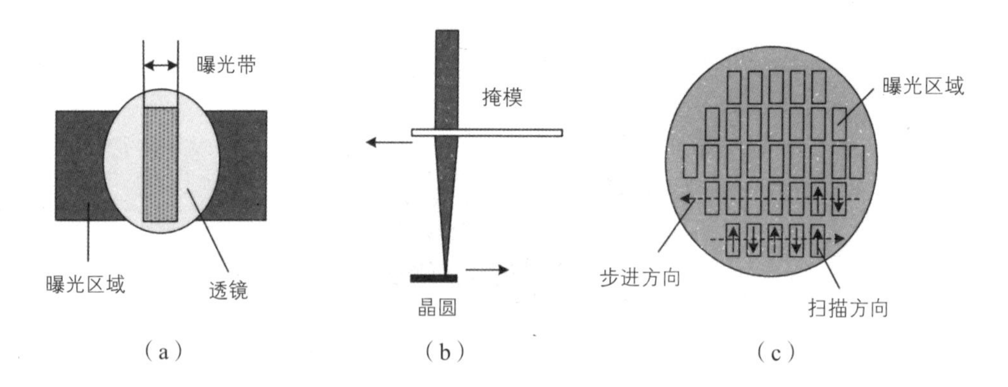

图4.6　步进扫描投影曝光过程

（a）扫描曝光的俯视图；（b）扫描曝光的侧视图；（c）曝光系统在晶圆表面步进和扫描运动的轨迹图。

步进扫描投影曝光过程如图4.6所示，光源并不是一次把整个掩模上的图形投影在硅片上，曝光系统通过一个狭缝式曝光带（Slit）照射在掩模上。

载有掩模的工件台在狭缝下沿着一个方向移动，等价于曝光系统对掩模做了扫描。与掩模的扫描同步，硅片沿相反的方向移动。这种方式大大提高了光刻速度，从而进一步提高了产率。

作为目前主流的曝光方式，步进扫描投影曝光的优点在于增大了每次曝光的视场、提供硅片表面不平整的补偿、提高整个硅片的尺寸均匀性。但是，同时因为需要反向运动，增加了对机械系统的精度要求，使得对光刻机设计制造的要求越来越严格。

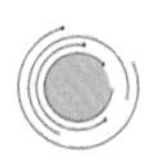

曝光系统

光刻机的曝光系统主要包括照明系统和投影物镜系统，如图 4.7 所示。

1. 照明系统：用来产生均匀照明光的光路，它位于曝光光源和掩模之间。

主要功能包括：

（1）在掩模面整个视场内实现均匀照明；

（2）产生不同的照明模式，控制照明光的空间相干性；

（3）通过控制激光光束的能量来控制到达硅片面上的曝光剂量。

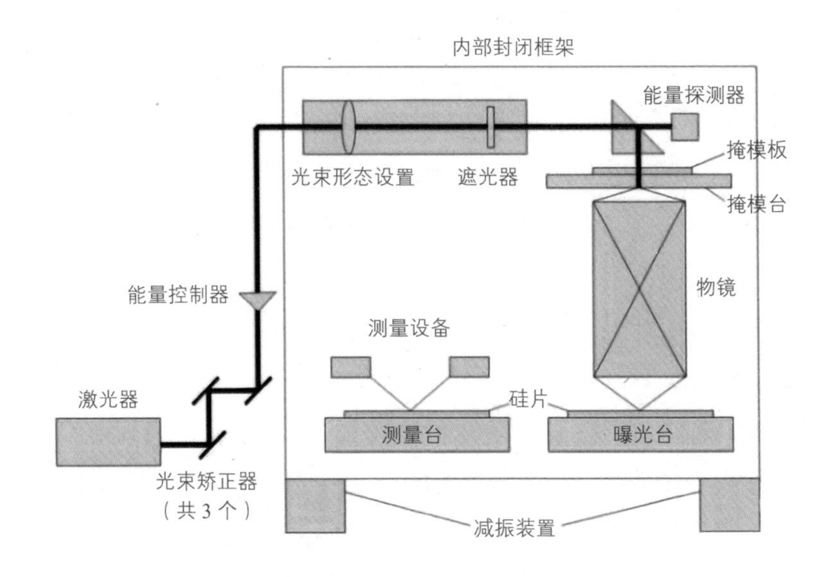

图 4.7　光刻机（双工件台）的简易结构图

照明不均匀性导致同一视场内各点曝光剂量不同，使得视场内关键尺寸不一致，是影响关键尺寸均匀度的一项重要指标。为了实现均匀照明，照明系统通常采用科勒照明的方式。在科勒照明中，掩模面上任意一点的光强，均来自照明光瞳面上不同点的综合贡献，从而提高了照明均匀性。

在分析大数值孔径光刻系统的成像质量时，不能忽视照明光的偏振态。离轴照明与偏振光照明相结合，可以实现不同图形的高对比成像。在数值孔径大于 0.8 的光刻机中，应采用图像对比度高的偏振光进行照明。另外，使用偏振光还可以获得更好的光刻工艺窗口和更低的掩模误差增强因子。

当偏振光用于照明时，光刻的照明系统中有许多机制，例如光学材料的本征双折射及应力双折射、光学薄膜的偏振特性等因素影响着光的偏振态。为了保持成像光束的高偏振度，需要控制整个照明系统的偏振。

2. 投影物镜系统：投影物镜的功能是将掩模图形按照一定的缩放比例成像到硅片面。

投影物镜是光刻机中最昂贵、最复杂的部件之一，提高光刻机分辨率的关键是增大投影物镜的数值孔径。随着光刻分辨率和光刻精度的提高，投影物镜的像差和杂散光对成像质量的影响越来越突出。传统光刻机的投影物镜主要采用全折射投影，即物镜全部由旋转对准装校的透射光学元件组成。其优点是结构相对简单，易于加工和组装，杂散光较少。光刻技术的发展要求投影物镜的数值孔径越来越大，采用全折射式结构实现高数值孔径，将明显增大物镜镜片的尺寸，但同时镜片的加工与镀膜难度更高。

为了实现更大的数值孔径，近年来设计者普遍采用折反式设计方案。折反式投影物镜由透镜和反射镜组成。反射镜的佩茨瓦尔数为负，因此不再需要增加正透镜的尺寸来满足佩茨瓦尔条件，使得投影物镜能够在一定尺寸范围内具有更大的数值孔径。 折反式结构可以有效控制色差并保持较小的物体体积。它通常用于具有较高数值孔径的浸没式光刻机中。

3. 浸液技术：为了进一步缩短光源波长，浸液技术逐渐用于光刻机中。浸液技术是指让镜头和硅片之间的空间浸泡于液体之中，如图 4.8 所示。由于液体的折射率大于 1，使得激光的实际波长会大幅度地缩小。目前主流采用的纯净水的折射率为 1.44，所以 ArF 加浸液技术实际等效的波长为 193 nm/1.44 = 134 nm，从而实现更高的分辨率。通过浸没式光刻和多重图形

等工艺，ArF 光刻机的工艺节点最低可以达到 10 nm。7 nm 以下的工艺节点一般需要通过极紫外（Extreme Ultraviolet，EUV）光刻机来实现。EUV 光刻机采用的是 13.5 nm 的极紫外光源，能够达到 3~5 nm 工艺节点的芯片生产。

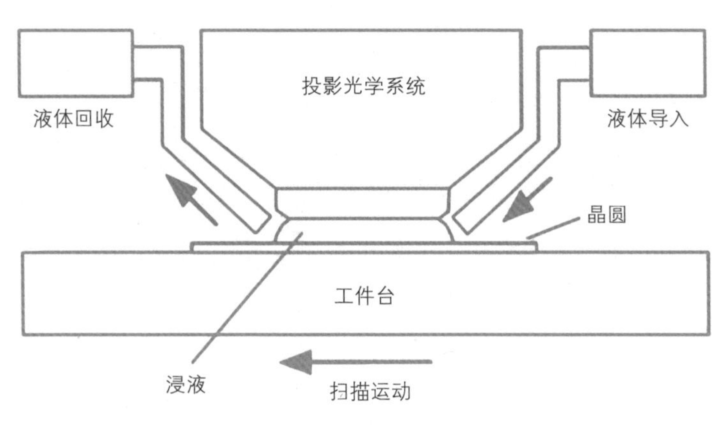

图 4.8　浸液系统结构

光刻机内部的"跑步冠军"

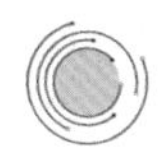

工件台/掩模台系统

投影光刻机以成像的方式将掩模图形转移到硅片面上。成像质量直接决定了图形转移的质量。步进扫描投影光刻机以扫描的方式将掩模图形成像到硅片面上。扫描过程中，掩模图形与硅片面当前曝光场需要保持严格的物像关系，掩模图形的每一点都需要精准地成像到硅片面上对应的像点处。这就需要掩模台与工件台高精度的同步运动，以确保光刻机动态成像质量。工件台与掩模台的同步运动误差应在误差范围内，否则会导致成像位置偏移，降低动态成像质量，从而直接影响光刻机的分辨率和套刻精度。

掩模图形在硅片面的成像质量与硅片面在光轴方向的位置直接相关。为确保成像质量，需要硅片面当前曝光场处于投影物镜的焦深范围之内。硅片面在光轴方向的位置精度依赖于工件台的轴向定位精度。为将掩模图形高精度地成像到硅片面指定位置处，需要工件台与掩模台在水平方向上具有高精

度的定位功能，以保证掩模与硅片的高精度对准。

硅片曝光过程中，工件台需要反复进行步进、加速、扫描、减速等运动。实现高产率要求工件台具有很高的步进速度、加速度与扫描速度。

1. 工件台/掩模台结构：目前高端 ArF 浸液光刻机的分辨率已达到 38 nm，套刻精度和产率已分别达到 1.4 nm 和 275 WPH。这些指标的实现，意味着工件台的定位精度已达到亚纳米量级，速度达到 1 m/s，而加速度达到 30 m/s，远高于目前全球最顶尖跑车的加速度水平。

对于 38 nm 分辨率来说，光刻机在高速扫描曝光过程中，工件台与掩模台的同步运动误差的平均值（Moving Average，MA）和标准差（Moving Standard Deviation，MSD）需要分别控制到 1 nm 和 7 nm 左右。

工件台以 1 m/s 的速度与掩模台同步扫描时，若 MA 控制到 1 nm，相当于两架时速 1000 km 的飞机同步飞行，两者相对位置的偏差平均值要控制到 0.28 μm（人类头发丝直径的 1/300）。这个难度远高于坐在其中一架飞机上，拿着线头穿进另一架飞机上的缝衣针针孔（针孔宽度 500 μm）。此外，工件台/掩模台在高速扫描曝光过程中，硅片面需要控制在投影物镜约 100 nm 的焦深范围之内。以上所述的加速度、速度、同步运动精度、定位精度等指标的实现对超精密机械技术而言是极大的挑战。

图 4.9 给出了一种步进扫描投影光刻机的工件台结构，包括基座、驱动电机、承片台、双频激光干涉仪等部分。承片台两侧的方镜用来反射激光干

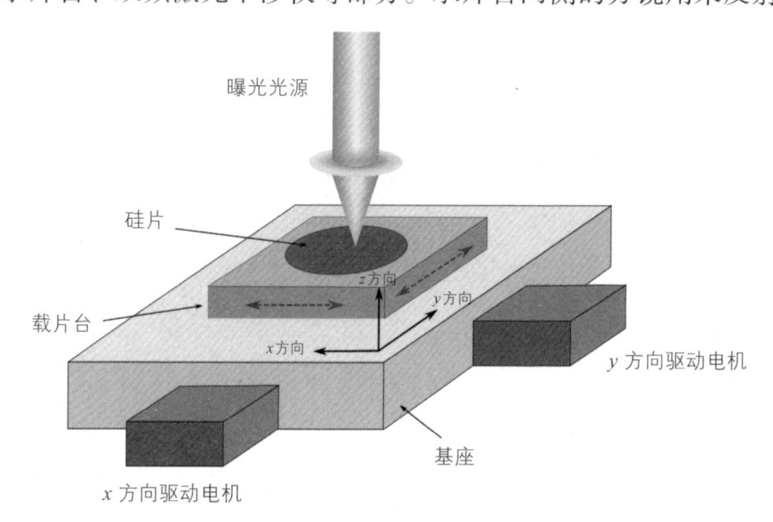

图 4.9　步进扫描投影光刻机工件台结构

涉仪发出的测量光束，干涉仪则用于实时测量承片台的位置。测量结果用于补偿工件台与掩模台的位置误差，实现水平方向（x、y 方向）的高精度定位。水平方向上采用长行程电机与短行程电机相结合的驱动方式。长行程电机用于大行程的、粗略的定位控制，短行程电机用于高精度运动定位。硅片面的 z 向位置由调焦调平传感器测量得到，通过工件台 z 向电机进行调节。

为保证光刻机在工作过程中的高精度要求，运动系统产生的振动必须与曝光系统隔离开。因此，振动隔离和主动减振技术运用在了现代扫描光刻机中。光刻机必须在具有良好隔振性能的平台上工作，否则任何微小的振动，例如工作人员说话的声音或附近人走路引起的振动，都会影响光刻机的工作性能。这就对光刻机的工作环境和光刻机的设计提出了更高的要求。光刻机是一种极其紧凑的机电设备，必须安装在极其安静的环境条件下，并在较宽频带内具有减小振动和隔离振动的能力。

2. 双工件台系统：在单工件台系统中，依次进行硅片的上片、对准、调焦调平、曝光、下片，因而测量时间的增加将不可避免地减少降低光刻产率。为此，工程师们提出了双工件台技术，在一个工件台上的硅片曝光的同时，另一个工件台上的硅片可以进行上片、对准、调焦调平、下片等操作，如图 4.10 所示。两个工件台分别处于测量位置和曝光位置，同时独立工作。每个硅片在一个工件台上完成对应的所有操作。当两个工件台上的硅片分别完成测量和曝光后，两个工件台会交换位置和任务。

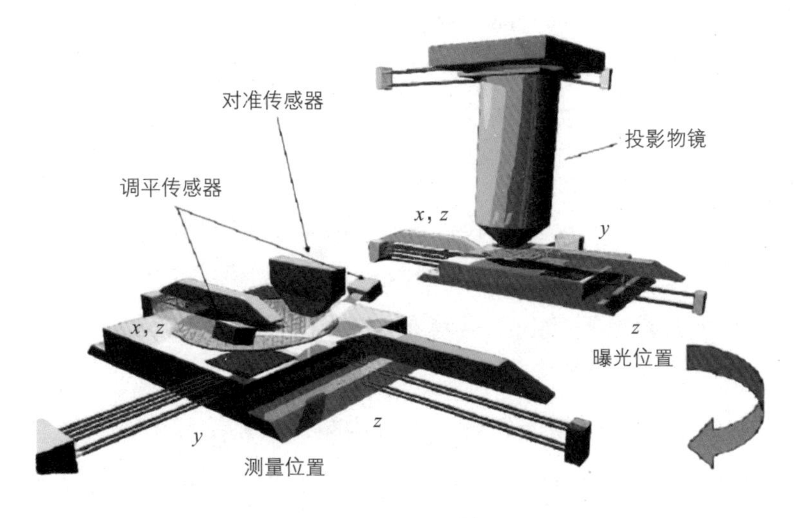

图 4.10 双工件台结构

双工件台结构的出现极大地提高了芯片的生产效率。硅片在进入光刻流程前要先进行测量和对准，过去光刻机只有一个工件台，测量、对准、光刻等所有流程都在这一个工件台上完成。双工件台系统使得光刻机能够在不改变初始速度和加速度的条件下，生产效率提升了大约35%。

虽然从结果上来看，仅仅是增加了一个工件台，但其中的技术难度却不容小觑。双工件台系统对于换台的速度和精度有极高的要求，如果换台速度慢，则影响光刻机工件效率；如果换台精度不够，则可能影响后续扫描光刻等步骤的正常开展。

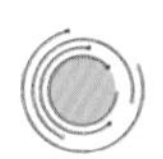

调焦调平系统

为满足光刻胶图形质量要求，硅片面在光轴方向的位置必须控制在一定范围之内，这个范围即焦深（Depth of Focus，DOF）。对掩模图形进行曝光时，整个曝光场必须处于焦深之内，而曝光场内不同位置处，焦深通常不一样。使得整个曝光场内光刻胶图形质量都能满足要求的焦深称为可用焦深（Usable Depth of Focus，UDOF）。根据线宽的不同，可用的焦深甚至需要达到1 μm以下，超出这个范围，曝光器件的图像就会模糊，可能无法满足工艺要求，从而使芯片无法实现预期的功能。而不同厚度的硅、光敏电阻的厚度和透镜的振动必须通过水平调焦系统进行补偿。

光刻机对掩模图形曝光时，必须对硅片面进行高精度的调焦调平。首先通过调焦调平传感器测量出硅片面相对于投影物镜最佳焦面的距离（离焦量）和倾斜量。然后通过工件台的轴向调节机构进行调节，使硅片面的待曝光区域垂直于投影物镜的光轴并位于其焦深范围之内。

对于给定的光刻机，芯片特征尺寸越小，对应的焦深也越小。投影光刻机的焦深通常仅有数百纳米，ArF浸液光刻机的焦深在100 nm以下。为确保硅片面当前曝光场处于100 nm焦深范围之内，要求调焦调平传感器达到几纳米的测量精度。

调平调焦系统，按功能划分可以分为粗调平系统和精细调平系统。按测量光路划分可以划分为p轴和q轴，粗调平系统安装在p轴光路内，可以测量硅片的高度和倾斜度，倾斜度是通过测量硅片3个点的高度，从而计算出

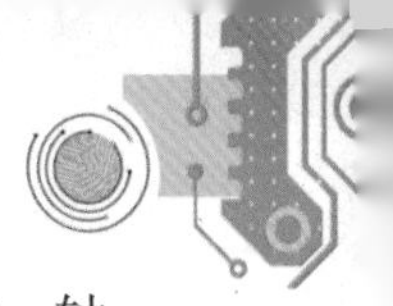

整个硅片的倾斜度，测量范围为 ±800 μm。精细调平系统在 p 轴光路和 q 轴光路都有安装，用于测量硅片上每个曝光场的高度和倾斜度。根据光路选用光栅的不同，100 μm 光栅的测量范围可以达到 ±23 μm，40 μm 光栅的测量范围可以达到 ±8 μm。

对准系统

集成电路的制造过程中，需要光刻机将多个掩模图形逐层曝光到硅片上，每一层图形都需要精准地曝光到硅片面的对应位置上，以确保套刻精度。因此，曝光之前需要将掩模与硅片进行高精度的对准。首先需要测量出掩模与硅片的相对位置，然后根据测量结果移动工件台与掩模台，从而实现掩模与硅片的对准。目前光刻机的套刻精度已经达到 2 nm 以内，要求对准位置的测量精度优于 1 nm。

光刻对准技术发展主要是由最初的明场和暗场对准技术到后来的干涉全息或外差干涉全息对准、混合匹配；由粗略对准技术到精细对准技术等。对准精度也逐渐从之前的微米级发展到纳米级，这极大地促进了集成电路制造业的发展，满足了工业界对不断增长的工艺节点的需求。目前的高精度光刻设备所采用的对准方式主要可以分为两种，分别是光栅衍射空间滤波和场像处理对准技术。从对准原理及标记结构的角度来分类，对准技术又可以分为早期的投影光刻中的几何成像对准方式，包括双目显微镜对准、场像对准（Field Image Alignment，FIA）等，到后来的波带片对准、干涉强度对准、激光干涉对准（Laser Interference Alignment，LIA）以及莫尔条纹对准方法。

此外，对准又可以分为同轴对准与离轴对准。同轴对准的测量光路经过光刻机的投影物镜，用于测量掩模的位置。离轴对准系统的测量光路不经过投影物镜，具有独立的光学模块，用于测量硅片的位置。掩模与硅片相对位置关系的建立通过离轴对准结合同轴对准来实现。

光刻机里的“大哥大”——极紫外光刻机

目前，DUV 光刻机最高只能做到 10 nm 制程，而 7 nm 及以下制程的硅

片加工则需要 EUV 光刻机来实现，两者最大的区别就在于所用光源不同。EUV 光刻机采用波长为 13.5 nm 的极紫外光作为光源，是目前世界上最先进的半导体光刻机。产生 EUV 的办法是将二氧化碳激光照射在锡等靶材上，从而激发出 13.5 nm 波长的光子。由于光源本身的特殊性，EUV 光刻机的设计和制造面临着更大的挑战。

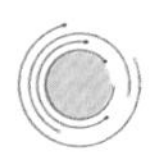

EUV 光源

EUV 光的产生可以采用二氧化碳（CO_2）激光器，随后对激光进行 5 级放大，将功率放大 1 万倍，输出功率大约是 2 万 W，峰值功率可能达到几百万瓦，为后续的消耗做好准备。然后使用光束传输（Beam Transport）系统将激光脉冲带入一个大容器内，在这里直径大约 30 μm 的锡珠会从上向下掉落。通过相机和执行装置确保每个锡珠都会被激光脉冲击中两次，第一次击中后使其变平，第二次功率更大一点的脉冲使其气化形成等离子体。当等离子体形成后，能量以光的形式释放，形成 EUV。然后使用抛物面反射镜收集光线，并在中间聚集点（Intermediate Focus Point）上汇聚，从而使 EUV 光进入光刻机。

EUV 光源的结构如图 4.11 所示，其工作过程总结如下：

（1）锡液发生器使锡液滴落入真空室；

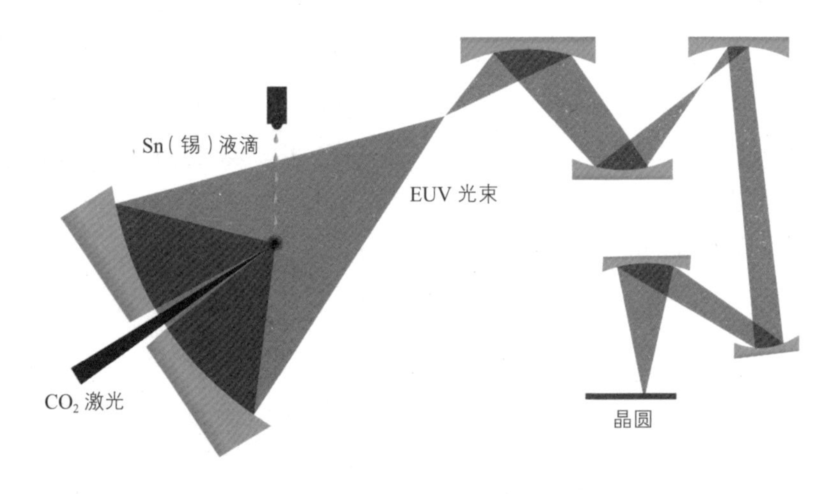

图 4.11　EUV 光源及光路系统

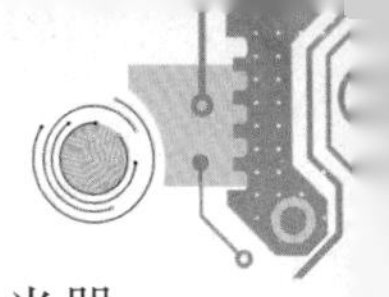

（2）脉冲式高功率激光器击中从旁飞过的锡液滴每秒50000次。激光器分为两部分，前脉冲和功率放大器。前脉冲和主脉冲击中锡液使其气化；

（3）锡原子被电离，产生高强度的等离子体；

（4）收集镜捕获等离子体向所有方向发出的EUV辐射，汇聚形成光源；

（5）将集中起来的光源传递至光刻系统以曝光硅片。

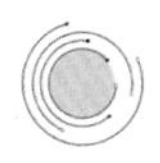

EUV光刻机的难点

为了达到这样极致的精度，EUV光刻机需要在各个方面都做到极限。总结来看，EUV光刻机的研发需要克服以下难点：

其一是光源系统：用250 W功率的二氧化碳激光，去轰击滴落下来的金属锡液滴。连续轰击两次后，就能加热并激发出EUV等离子体，从而获得波长更短的光。这一过程每秒需要轰击5万个液滴，而每个金属锡液滴，就只有20 μm大小。这相当于从地球发出的手电筒光线，要精准地射中在月球上的一块硬币一样难。

其二是全反射系统：几乎所有的光学材料对13.5 nm的极紫外光都有很强的吸收性，就连空气都能吸收EUV光，到达光刻胶时光能量损失超过95%。因此，EUV光刻机的光学系统采用全反射式曝光系统。系统里面的反光镜是由德国蔡司公司制造的，镜面经过特殊的镀膜工艺处理，只反射13.5 nm的光。反射镜的制造难度非常大，精度以皮米计（万亿分之一米），如果反射镜面积有德国那么大（大概是山东、河南两省面积之和），最高的突起不能超过1 cm。

其三是真空要求：由于EUV光线极易被空气吸收，因此曝光需要在真空环境中进行，整个腔体都要抽成真空。真空的要求使得原来的气浮工件台和掩模台不再适用，需要开发磁浮的结构来实现，而磁浮运动台的研发难度也大大增加。

一台EUV光刻机的平均售价约合10亿元人民币。而且，EUV光刻机运输成本很高。其重量达180吨，并包含10万个零件，其中包含4万个螺栓、3千条电线和2 km长的软管，体积十分庞大。需要40个货柜，或者20台卡车，或者3架货机才能完成它的运输。

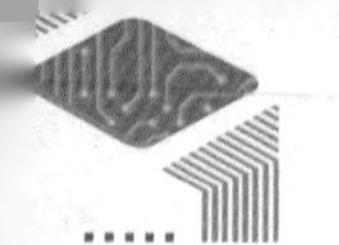

EUV 光刻机的高精度也是以极高的能量为代价的，其在运行时耗电量巨大，每运行 24 小时，大约需要消耗 3 万 kW · h 的电量。

荷兰的阿斯麦（ASML）公司是全球最先进的 EUV 的零部件光刻机的唯一厂商，在整个行业处于垄断地位。值得注意的是，EUV 光刻机并非只由 ASML 一家生产出来的，而是需要数千家供应商支撑，其中 32% 的供应商在荷兰和英国，27% 在美国，14% 在德国，27% 在日本，体现了全球化的技术协作。

第五章　精密的“雕刻”行家

——刻蚀机

“雕刻”行家也用“刀”吗

如果把芯片比作一幅平面雕刻作品，那么光刻机是用来打草稿的画笔，而刻蚀机则是用于雕刻图案的工具。集成电路的生产制造过程，通常是在硅片上做出十分细小的尺寸的图案，而这些图案最主要的形成方式，则是使用刻蚀技术将光刻技术所产生的光刻胶图形（线、面、孔洞等）丝毫不差地复刻到光刻胶下面的衬底上。

刻蚀的传统定义是将光刻工艺后未被光刻胶覆盖或保护的部分以化学或物理的方法去除，从而达到将掩模上的图形转移到薄膜上的目的，刻蚀过程如图 5.1 所示。

广义而言，刻蚀技术是包括所有将材料表面均匀或选择性地部分去除的技术，其关键在于要在硅片表面形成我们所需要的各种图案。刻蚀工艺可大体分类为湿法刻蚀、干法刻蚀、剥离技术和化学机械抛光技术（Chemical Mechanical Polishing，CMP）。湿法刻蚀是利用化学反应，如酸与材料的反应来进行薄膜的刻蚀；干法刻蚀是利用物理方法，如使用等离子体对被刻蚀物进行轰击，使其脱离硅片从而完成薄膜侵蚀的一种技术；剥离技术是一种“间接”的刻蚀技术，即剥离不需要的薄膜部分而保留需要的部分，从而达到图形化的目的，如利用图形化之后的光刻胶作为隔层进行薄膜淀积工艺，薄

膜淀积之后将光刻胶除去（湿法腐蚀）就形成了所需要的图案；CMP 方法则是化学与机械抛光相结合的一种均匀移除刻蚀工艺技术，经平整磨光之后硅片将露出所需要的沟槽结构。

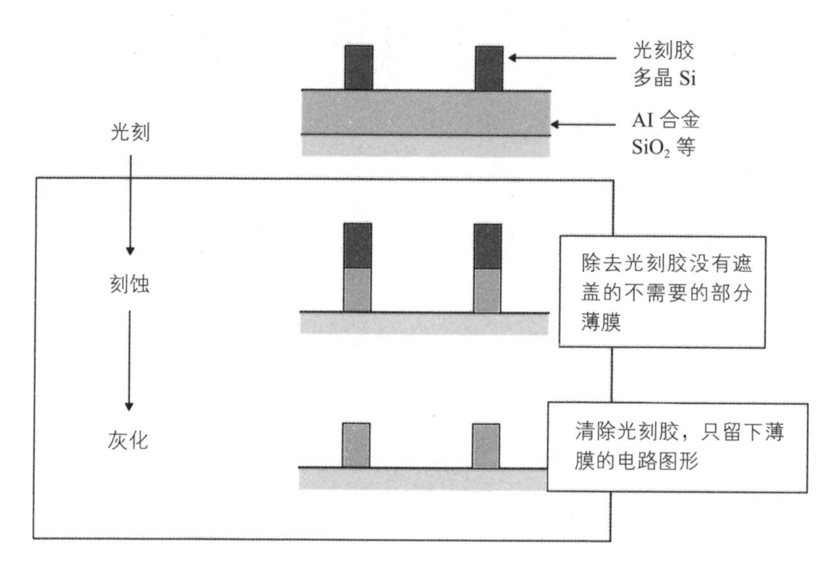

图 5.1　刻蚀过程

早期的刻蚀技术采用湿法蚀刻，即使用合适的化学溶液先将未被光刻胶覆盖的刻蚀材料分解转化为可溶于溶液的化合物，以达到去除的目的。它的核心在于利用溶液与被刻蚀材料两者之间的化学反应。因此，通过不断选择和调整化学溶液，可以得到合适的刻蚀速率和被刻蚀材料、光刻胶和底层材料之间良好的刻蚀选择比。

在现今的工业应用中，干法刻蚀逐渐占据了主要角色。所谓干法刻蚀一般是指利用辉光放电产生含有离子或电子等带电粒子、中性原子和化学活性高的自由基等离子来去除薄膜的刻蚀技术。此外，还有剥离技术以及化学机械抛光技术，它们是针对当今集成电路与微机电系统（Micro-Electro-Mechanical System，MEMS）工艺而产生的两项具有创新性的图形化技术。

金无足赤，同样的道理，对于以上的每一种刻蚀方法，它们都有各自的优缺点。对于湿法刻蚀，其成本较低且刻蚀速率快，具有较大的刻蚀选择比；但与此同时，由于其化学反应不具有方向性，容易产生侧向刻蚀从而出现钻蚀，导致精度降低。当集成电路中的器件尺寸越来越小时，钻蚀现象会愈发

严重导致图形线宽失真。而对于干法刻蚀，其具有良好的各向异性、可控性和重复性，同时干法刻蚀不产生化学废液，环保可靠，且易实现自动化。但是如果离子能量较低，干法刻蚀也会容易产生各向同性刻蚀。此外，干法刻蚀还需要在特殊的刻蚀设备中才能进行，成本高昂，和湿法刻蚀相比，其刻蚀速率较慢。因此，理想的刻蚀技术则是两种刻蚀方法的有机结合，这样才能达到刻蚀速率和刻蚀形貌的同时优化。

对应于以上刻蚀方法的发展历程，刻蚀设备也有着一个漫长的“进化史”。早期典型的化学刻蚀机之一——槽式刻蚀机，由于使用高纯度或纯水作为化学试剂，从硅片上清除的污染物仍存在于清洗液中，造成二次污染。单片旋转刻蚀设备应运而生，如图 5.2 所示。由于硅片表面不断添加新的化学溶液，可以有效防止二次污染，但难以控制化学溶液在硅片表面的均匀喷洒，因此刻蚀均匀性较差。

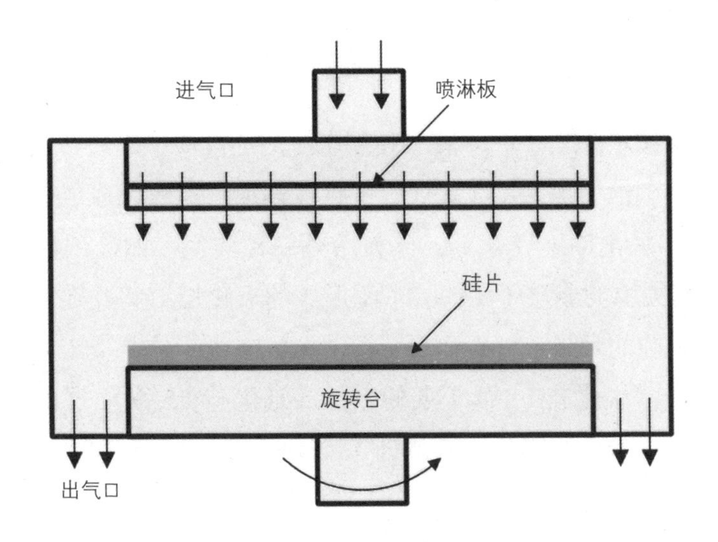

图 5.2　单片旋转式刻蚀机

因为化学反应不具有方向选择性，所以湿法刻蚀是一种各向同性的刻蚀。因此，无论是刻蚀氧化层还是金属层，纵向刻蚀和侧向刻蚀都会同时产生，从而导致了被刻蚀出的图案与原先光刻胶上的图案存在一定的差别，造成图形完全转移和复制的困难。不仅如此，大量的化学废液会在此过程中产生，随着硅片特征尺寸的不断减小，这种弊端被逐渐放大。为了解决这种问

题，研究人员研究出了干法刻蚀技术。目前市面上与之相关的最常见的刻蚀设备是电感耦合等离子体（Inductively Coupled Plasma，ICP）刻蚀机。

电感耦合等离子体反应器是20世纪初发展起来的一项新技术，研究人员使用高浓度等离子体来处理材料，但由于相对较高的工作压力和很窄的等离子体覆盖，所以ICP在很长一段时间内没有被实际应用。直到1980年以后，ICP进入低压领域，才被逐渐广泛地应用于生产中。感应耦合等离子体刻蚀机具有设备结构简单、性价比高、基片尺寸较大、均匀性好、放电气压低、等离子体密度高以及等离子体密度和离子能量可独立控制等优点。

接下来将针对半导体制造工艺中所使用的刻蚀技术进行详细介绍，内容包括湿法刻蚀与干法刻蚀的原理、步骤、分类和注意事项，以及着重介绍等离子体干法刻蚀及其相关的工作系统，另外还会介绍刻蚀技术中的一些常见的技术指标，如刻蚀速率、均匀度、选择比和各向异性等。

神秘的“雕刻魔法”之湿法刻蚀

湿法刻蚀技术相当于一种液态和固态之间的反应，其通常是先利用氧化剂［如硅和铝刻蚀时的硝酸（HNO_3）］将被刻蚀材料氧化成氧化物［如二氧化硅（SiO_2）、氧化铝（Al_2O_3）］，再利用另一种溶剂［如硅刻蚀中的氢氟酸（HF）和铝刻蚀中的磷酸（H_3PO_4）］将形成的氧化层溶解并随溶液排出，如此便可达到刻蚀的效果。一般而言，湿法刻蚀在半导体制造工艺中可用于下列几个方面：二氧化硅（SiO_2）层的刻蚀；氮化硅（Si_3N_4）层的刻蚀；金属层（如Al，Cu，Ti）的刻蚀；多晶硅（Poly Si）层的图形刻蚀或去除；非等向性硅层的刻蚀；硅片减薄、抛光。

湿法刻蚀大概可分为三个步骤：

（1）反应物质的扩散到被刻蚀薄膜的表面；

（2）反应物与被刻蚀薄膜反应；

（3）反应后的产物从刻蚀表面扩散到溶液中，并随溶液排出。

在这三个步骤中，最关键且最慢的就是第二个步骤。换句话说，这一步的进行速率就是刻蚀速率，如果要控制湿法刻蚀的速率，通常可通过改变溶液浓度和反应温度等方法实现。溶液浓度增加会对湿法刻蚀的过程中反应物

到达及离开被刻蚀薄膜表面的速率进行加速，而反应温度则可以控制化学反应速率的快慢。

湿法刻蚀的工艺选择标准，除了刻蚀溶液的选择外，也应注意掩模的材料是否适用。一个适用的掩模需要包含下列条件：① 与被刻蚀薄膜有良好的附着性；② 在刻蚀溶液中稳定且不会变质；③ 能承受刻蚀溶液的侵蚀。光刻胶便是一种很好的掩模材料，它不需要额外的步骤便可实现图形转印。但光刻胶有时也会发生边缘剥离或龟裂现象。光刻胶受到刻蚀溶液的破坏会造成边缘与薄膜的附着性变差，从而导致了边缘剥离现象的出现，解决方法为在上光刻胶前先上一层附着促进剂，如六甲基二硅胺烷（HMDS）。而出现龟裂的原因主要是光刻胶与薄膜之间的应力太大，减缓龟裂的方法就是利用较具弹性的光刻胶材质，来吸收两者之间的应力。

下面分别介绍几种常见湿法刻蚀的应用场合。

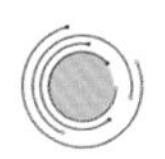

SiO_2 层的刻蚀

由于氟化氢（HF）可以在室温下与 SiO_2 快速反应而不会刻蚀 Si 基材或多晶硅，所以是湿法刻蚀 SiO_2 的最佳选择，使用含有 HF 的溶液来进行 SiO_2 的湿法刻蚀时，发生的主要反应方程式为：

$$SiO_2 + HF \longrightarrow H_2 + SiF_6 + H_2O$$

一般而言，HF 对 SiO_2 具有相当高的刻蚀速率，工艺上对其难以控制，因此，在实际的应用中，使用稀释过的 HF 溶液或者是添加氟化铵（NH_4F）作为缓冲剂的混合液来对 SiO_2 进行刻蚀。加入 NH_4F 的目的是作为 HF 的缓冲剂，用于补充 F 离子在溶液中因刻蚀反应造成的消耗，从而保持稳定的刻蚀速率。

影响 SiO_2 刻蚀速率的因素有以下几点：

（1）SiO_2 层的形态与结构（结构越松散，表明含水分越高，刻蚀速率越快）；

（2）反应温度（反应温度越高，刻蚀速率越快）；

（3）缓冲液的混合比例（HF 比例越高，刻蚀速率越快）。

在半导体工艺中，生长 SiO_2 的技术有热氧化法和 CVD 等方法，此外，所使用的 SiO_2 除了纯 SiO_2 以外，有的还经过一系列的掺杂。因为这些以不同方法生长或不同成分的 SiO_2 层的组成结构并不完全相同，所以 HF 溶液对这些 SiO_2 的刻蚀速率也就不会完全一样，需要根据具体情况先进行摸底实验。一般通过干氧氧化法生长的 SiO_2 层的刻蚀速率最慢。

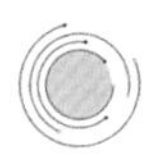

单晶/多晶硅刻蚀

在半导体工艺中，硅和多晶硅的去除可以使用 HNO_3 与 HF 的混合溶液进行。其原理是利用 HNO_3 将表面的 Si 氧化成 SiO_2，然后用 HF 把生成的 SiO_2 层除去，相关的反应方程式为：

$$Si+HNO_3 \longrightarrow SiO_2+H_2O+NO_2$$

$$SiO_2+HF \longrightarrow H_2SiF_6+H_2O$$

多晶硅的刻蚀实际上多使用 HNO_3、HF 及乙酸（CH_3COOH）三种成分的混合溶液。先利用 HNO_3 的强酸性使多晶硅氧化成为 SiO_2，再用 HF 将 SiO_2 去除。而 CH_3COOH 则起到类似缓冲溶液的作用，提供氢离子，使刻蚀速率能保持稳定。这种通常称为“Poly-Etch”的混合溶液也常作为硅片回收时的刻蚀液。

在上式的反应过程中，可以利用 CH_3COOH 乙酸作为缓冲剂来抑制 HNO_3 的解离。也可以通过改变 HNO_3 及 HF 的比例，再配合 CH_3COOH 的添加或是水的稀释来控制刻蚀速率的大小。此外，还可以使用含氢氧化钾（KOH）的溶液来进行 Si 的刻蚀。这种溶液对不同的硅晶面的刻蚀速率也不相同，例如对于 Si（100）面的刻蚀速率相对（111）面而言快了许多（100 和 111 均指的是硅的不同晶面），所以刻蚀后的轮廓将成为 V 型的沟渠。不过这种湿法刻蚀大多用在微机械器件的制造上，在传统 IC 的工艺上并不多见。

Si_3N_4 层的刻蚀

Si_3N_4 在半导体工艺中主要是作为场氧化层在进行氧化生长时的屏蔽膜及

半导体器件完成主要制备流程后的保护层。通常以热磷酸（140℃以上）溶液作为氮化硅层的刻蚀液。刻蚀温度越高，水分越易挥发，磷酸的含量随之升高，刻蚀速率会因此而明显变大。刻蚀温度为 140℃时，刻蚀速率约在 2 nm/min，当刻蚀温度上升至 200℃时，刻蚀速率则高达 20 nm/min。在实际应用中常使用 85% 的 H_3PO_4 溶液，使用加热 180℃的 H_3PO_4 溶液刻蚀 Si_3N_4。此外，其刻蚀速率也与 Si_3N_4 的生长方式有关。例如，用等离子体增强化学气相沉积（PECVD）方式得到的 Si_3N_4 比用高温低压化学气相沉积（LPCVD）方法得到的 Si_3N_4 的刻蚀速率快很多。

不过，高温 H_3PO_4 会造成光刻胶的剥落，因此在进行有图形的 Si_3N_4 湿法刻蚀时，必须使用 SiO_2 作为掩模材料。一般来说，Si_3N_4 的湿法刻蚀大多应用于整面的剥除。对于有图形的 Si_3N_4 刻蚀，则应采用干法刻蚀的方式。SiO_2、Si_3N_4 和 Si 对于腐蚀剂磷酸的刻蚀速率，即"选择性"是 10：1：0.5（单位是 nm/min，温度 180℃的磷酸）。在磷酸里浸泡的时候，Si_3N_4 的腐蚀速率快于 Si，并且在腐蚀结束的时候，磷酸不会腐蚀到 Si 的基底。

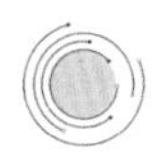

Al 层的刻蚀

铝通常在半导体制造工艺中作为互连材料来使用。湿法 Al 刻蚀液为无机酸、碱，如：氢氯酸（HCl）；H_3PO_4/HNO_3；氢氧化钠（NaOH）；KOH；$H_3PO_4/HNO_3/CH_3COOH$。其中，第 5 种混合溶液的刻蚀速率最为稳定，目前被广泛应用在半导体工艺中。主要的刻蚀原理是利用 HNO_3 与 Al 层的化学反应，反应方程式如下：

$$Al + HNO_3 \longrightarrow Al_2O_3 + H_2O + NO_2$$

在 Al 或其合金的湿法刻蚀中，通常使用加热的 H_3PO_4、HNO_3、HAC（乙酸的缩写）及水的混合溶液作为刻蚀液，其加热的温度大致在 35~60℃。温度越高，刻蚀速率越快。一般而言，溶液的组成比例、加热温度和是否搅拌等均会影响 Al 的刻蚀速率。常见的刻蚀速率范围大约在 100~300 nm/min。

神秘的“雕刻魔法”之干法刻蚀

干法刻蚀是利用高速离子、等离子体等高能粒子对被刻蚀物进行轰击，使其脱离硅片的技术。干法刻蚀根据性质可以分为三种类型：物理性刻蚀、化学性刻蚀和物理化学性刻蚀。

物理性刻蚀是利用辉光放电将气体（如氩气）电离成带正电的离子，然后利用偏压以加速离子，离子溅击在被刻蚀物的表面从而将被刻蚀物的原子击出。该过程全都是物理上的能量转移，故称为物理性刻蚀。其优点在于具有非常好的方向性，可以有几乎垂直的刻蚀轮廓。

化学性刻蚀利用等离子体中的具有化学活性的原子团与被刻蚀材料发生化学反应，进而达到刻蚀的目的。由于该方法的关键还是化学反应（不涉及溶液的气态反应），因此刻蚀的效果和湿法刻蚀有些相近，具有较好的选择性，但各向异性较差。因这种反应完全利用化学反应，故称为化学性刻蚀。

由于化学性刻蚀各向异性较差，在半导体工艺中，纯化学刻蚀只在不需图形转移的步骤（如光刻胶的去除）中才会应用。后来，人们使这两种极端过程进行中和，从而得到目前广泛应用的物理化学性刻蚀技术，例如反应离子刻蚀（Reactive Ion Etching，RIE）、高密度等离子体刻蚀等。这些刻蚀技术利用活性离子对衬底的物理和化学双重作用，因此同时兼有各向异性和选择性好的优点。目前 RIE 已成为超大规模集成电路制造工艺中应用最广泛的主流刻蚀技术。

等离子体和等离子体刻蚀

在这些物理化学性刻蚀技术中，最为常见的名词莫过于“等离子体”。那么，什么是等离子体呢？

等离子体是由气体电离后产生的正负带电离子以及分子、原子和原子团所组成。由于平均效应，等离子体在宏观上呈电中性。值得注意的是，气体从常态到等离子体的转变，也是从绝缘体到导体的转变。

等离子体具有电中性、受电场驱动、发光、含有大量具有高度活性的离

子和自由基等一系列特点。通常把电离度小于 0.1% 的气体称为弱电离气体（低温等离子体），电离度大于 0.1% 的气体则称为强电离气体（高温等离子体）。高温等离子体常用在受控核聚变中，而低温等离子体则被用于切割、焊接和喷涂以及制造各种新型的电光源与显示器等应用中。

图 5.3 是一个简单的放电装置原理图。这个装置中有一个电压源，在两个极板之间的电压驱动下，低气压气体产生放电现象，电流会从一个极板流向另一个极板。此时，气体被“击穿”而产生等离子体，但是这种等离子体的密度远远小于气体分子的密度，因此被称为弱电离等离子体。

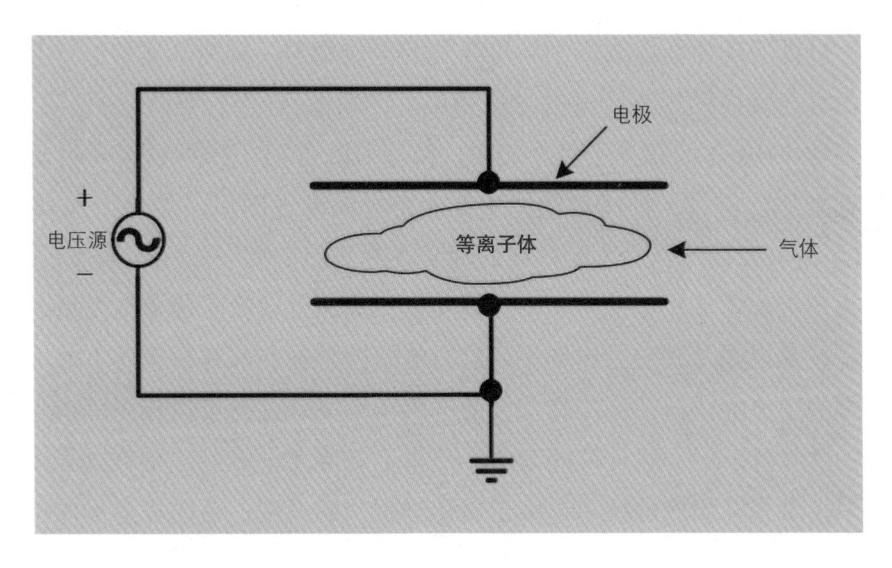

图 5.3　弱电离等离子体

因为等离子体放电可以产生具有化学活性的物质，所以被广泛用于改变材料的表面特性，而当“刻蚀”遇上 " 等离子体 "，便开启了“等离子体刻蚀”的新篇章。

等离子体刻蚀是利用等离子体将刻蚀气体电离，从而形成带电离子、分子及高反应性原子团，它们扩散到被刻蚀薄膜表面后与被刻蚀薄膜的表面原子反应生成具有挥发性的反应产物，接着被真空设备抽离反应腔。当气体以等离子体形式存在时，它具有两个特性：一方面，这些气体在等离子体中的化学活性比正常状态下强得多。根据被刻蚀材料的不同，选择合适的气体可以更快地与材料发生反应，达到刻蚀和去除的目的。另一方面，也可以利用

电场来控制和加速等离子体，使其具有一定的能量。当它轰击被刻蚀物体的表面时，该表面就会被刻蚀，导致材料中的原子被敲出，从而达到利用物理能量转移来实现刻蚀的目的。

等离子体刻蚀主要是利用气体等离子体中的强化学反应能力离子配合离子轰击的能量从而达到垂直刻蚀的效果。在此技术中，等离子体刻蚀设备中所产生的离子的密度、能量及方向均起着重要的作用。而在化学技术上，反应物的反应活性具有决定性的效果，因此在等离子体刻蚀中，如何选择适当的反应气体作为等离子体的来源，往往决定了刻蚀工艺的好坏。一般刻蚀工艺中均是用卤素族（氟、氯、溴）的化合物来作为刻蚀气体。为了避免侧向刻蚀、过低的选择性以及产生不可挥发的生成物等，刻蚀气体的选择非常重要，而且与反应的压力、温度息息相关。一般而言，刻蚀硅可用氯气（Cl_2）或氢溴酸（HBr）的等离子体。其中，使用 HBr 等离子体可以提高对 SiO_2 刻蚀的选择比，但为了提高刻蚀速率及获得好的刻蚀图形，需要加入 Cl_2。因此，Cl_2 与 HBr 的比例会影响最终的刻蚀效果。

由于等离子体产生的方式不断地朝低压高密度等离子体方向发展，相应的化学技术也随之改变。比如说，以往的刻蚀必须在氟等离子体下才能产生可挥发的生成物，但在低压高密度的等离子体下，刻蚀可以在氯等离子体下进行，这就打破了一般传统的观念。基本上，等离子体刻蚀是等离子体物理与化学技术相辅相成的技术，由于新化学反应的发现，新的等离子体技术可以继续向前迈进。

在等离子体刻蚀中，光刻胶和被刻蚀材料同时被刻蚀，这是因为离子是全面均匀地溅射在芯片上，从而导致刻蚀选择性偏低。同时，除去的物质不是挥发性物质，这些物质很容易沉积在刻蚀薄膜的表面和侧壁上。因此，在超大型集成电路（ULSI）的制造过程中人们很少使用完全物理的干法刻蚀方法。最常用的方法是结合物理性的离子轰击与化学反应的刻蚀。这种方式兼具各向异性与刻蚀选择比高的双重优点。刻蚀主要通过化学反应进行，在其中加入离子轰击的作用主要有：第一，破坏被刻蚀材质表面的化学键，以提高反应速率；第二，将二次淀积在被刻蚀薄膜表面的产物或聚合物打掉，以便被刻蚀表面能充分与刻蚀气体接触。由于在表面的二次淀积物可被离子击落，而在侧壁上的二次淀积物未受到离子的轰击，可以保留下来阻隔刻蚀表

面与反应气体的接触，使得侧壁不受刻蚀。所以采用这种方式可以获得各向异性的刻蚀。

下面是一些等离子体刻蚀在处理材料方面的应用。

1. 用卤素原子刻蚀硅：有选择性地和各向异性地除去已经图形化的硅或多晶硅薄膜，是等离子体刻蚀最重要的应用之一。它的基本刻蚀原理是用“硅—卤”键代替“硅—硅”键，从而产生挥发性的硅卤化合物。用氟原子刻蚀硅的过程是人们在实验中能够表征得最清楚的表面刻蚀过程，这里我们也用此例来说明等离子体的刻蚀过程。

当用高入射通量的氟原子刻蚀硅时，在硅表面生成了很高比例的副产物 SiF_x。可采用离子轰击的方法来去除 SiF_x，1 keV 的氩离子可以从材料表面去除 100 个氟原子（同时去除 25 个硅原子），SiF_x 层中氟原子总的表面浓度最多可以减少到一半。虽然刻蚀的各向异性比可以高达 5~10，但在这种条件下对沟槽侧壁仍然存在相当高的纯化学刻蚀速率，因此一般不采用氟基的各向异性的硅刻蚀。

2. Si_3N_4 的刻蚀：氮化硅一般用作使硅局域氧化的掩模材料、电介质及最后的钝化层。氮化硅材料有两种类型：在高温下用化学气相沉积（CVD）产生的氮化硅和在温度低于 400℃时用 PECVD 生长的氮化硅。

用 PECVD 生长的材料不一定具有 3∶4 的 Si/N 原子数比，一般在晶格中还存在着很大比例的氢原子。PECVD 生长的材料的刻蚀速率一般比 CVD 生长的氮化硅的刻蚀速率高。

用氟原子以纯化学方式刻蚀氮化硅对二氧化硅的刻蚀选择比是 5~10，但对硅的刻蚀选择比很低。刻蚀是各向同性的，活化能约为 0.17V。用低 F/C 比例的氟碳化合物原料气体可以进行各向异性的离子能量驱动的氮化硅刻蚀，它对二氧化硅的刻蚀选择比很低，但对硅和光刻胶有相当高的刻蚀选择比。

3. 光刻胶的刻蚀：光刻胶掩模材料主要是由碳和氢构成的长链有机聚合物组成，通常可以用氧等离子体各向同性地从硅片上刻蚀（脱除）光刻胶掩模材料。

在光刻胶表面成像干法曝光工艺中，采用氧等离子体可实现各向异性地将图形转移到掩模材料上，在这些应用中氧原子是具有活性的刻蚀粒子。需要注意的是：氧原子对许多光刻胶的纯化学刻蚀速率是较低的，但可以通过

向原料气体混合物中添加百分之几的二氟乙炔（C_2F_2）或四氟化碳（CF_4）来增加刻蚀速率；氧等离子体进行离子增强的各向异性刻蚀可以实现光刻胶表面成像干法曝光工艺，在这种方法中光刻胶层只有顶部的一小部分体积被曝光。

下面是典型的光刻胶表面成像技术的流程，如图 5.4 所示。

（1）使 1.5 μm 厚的光刻胶层的顶部 0.2 μm 厚的部分曝光形成图形。

（2）将光刻胶暴露在含硅的气体中使光刻胶被硅化，硅被选择性地吸收到曝光的光刻胶中，但不会被没有曝光的光刻胶吸收。

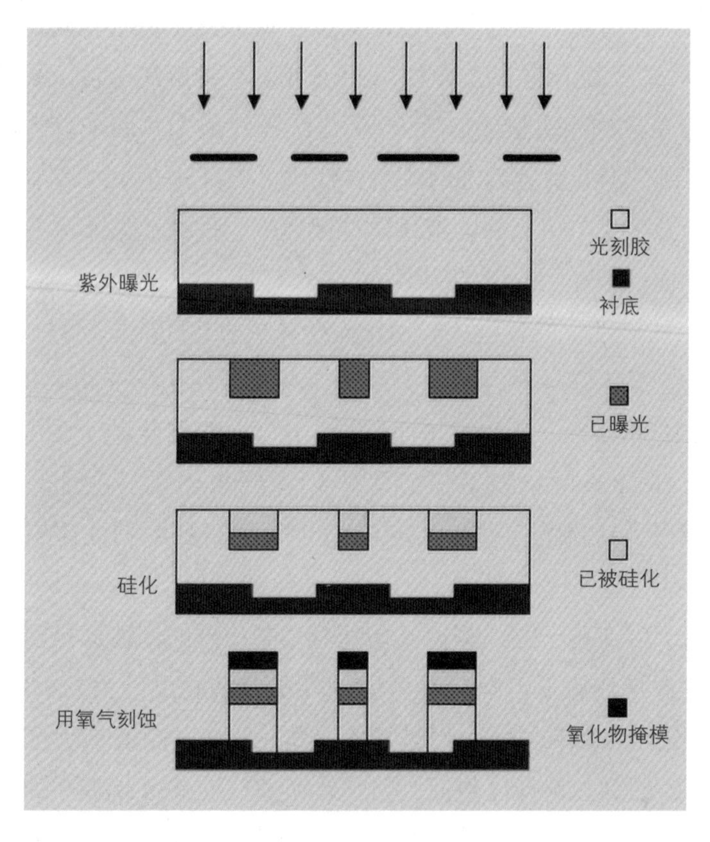

图 5.4　硅化表面成像的光刻胶干法曝光工艺的典型流程图

（3）用氧等离子体把光刻胶各向异性地刻蚀掉：刻蚀过程的开始阶段是氧原子与曝光的、含硅的光刻胶表面层反应产生 SiO_x 的掩模，它可以阻止接下来的氧原子刻蚀。而没有曝光的，不包含硅的光刻胶就会被氧气各向异性地刻蚀掉。这样，原始的表面图像就会被最终转移到整个厚度的光刻胶薄膜上。

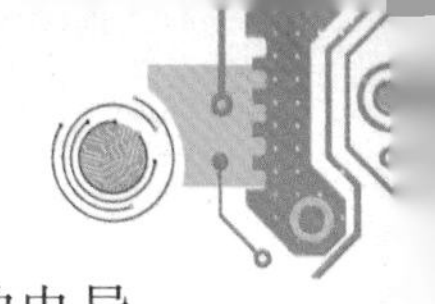

4. 铝的刻蚀：铝在集成电路中通常用作互连材料，它具有很高的电导率，并且对硅和二氧化硅也有良好的成键能力和黏结性。

因为三氟化铝（AlF_3）是不挥发的，所以氟原子不能用于刻蚀铝，通常刻蚀铝使用的原料气体是氯气和溴气。这两种气体在没有离子轰击的情况下就可以强烈地刻蚀铝。当原料气体是氯气时，需要使用像四氯化碳（CCl_4）、三氯甲烷（$CHCl_3$）、四氯化硅（$SiCl_4$）和三氯化硼（BCl_3）这样的添加剂来改善刻蚀效果。

5. 铜的刻蚀：在高性能的集成电路中，如今用铜取代铝作为互连材料的应用越来越多，因为铜的电导率几乎比铝高 60%，而且具有极大的抗电迁移能力，然而，由于卤化铜的蒸气压很低，导致将铜刻蚀成功用于商业目的的想法受到了限制。

铜的刻蚀工艺通常采用金属镶嵌过程使铜形成图案，以此来制造铜的互连导线。在该工艺的过程中，首先在衬底上沉积一层电介质材料，用等离子体刻蚀在该电介质层上形成铜互连的图案，然后用物理或化学气相沉积或电镀的方法把铜沉积在整个电介质表面上，最后用 CMP 法去除电介质表面上多余的铜。在此过程中，在形成铜互连图形时用介质的蚀刻代替了金属刻蚀。

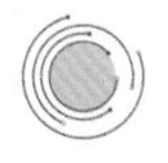

常用的干法刻蚀设备

现如今，一些常用的干法刻蚀设备主要如下：

1. 反应离子刻蚀机（Reactive Ion Etching，RIE）：RIE 包含了一个高真空的反应腔，压力范围通常在 1~100Pa，腔内有两个平行板状的电极。如图 5.5（a）所示，其中一个电极与反应器的腔壁一起接地，另一个电极与硅片夹具接在射频（Radio Frequency，RF）产生器上（常用频率为 13.56 MHz）。当接通电源时，等离子体电位通常高于接地端。因此，即使将硅片放置于接地的电极上，也会受到离子的轰击，但此离子能量（0~100 eV）远小于将硅片放置于接 RF 端的电极时的能量（100~1000 eV）。将硅片置于接地端的方式称为等离子体刻蚀，而将硅片置于 RF 端的方式称为活性离子刻蚀，刻蚀通常是以 RIE 模式来完成。在这一设备中，除了利用原子团与薄膜反应外，还可利用高能量的离子轰击薄膜表面去除二次淀积的反应产物或聚合物，从

而达成各向异性的刻蚀。传统 RIE 的优点是结构简单且价格低廉。其缺点是在增加等离子体密度的同时加大了离子轰击的能量，这会破坏薄膜和衬底材料的结构。另外，当刻蚀尺寸小于 0.6 μm 之后，刻蚀图形的深宽比将变得很大，需要较低的压力以提供离子较长的自由路径，从而确保刻蚀的屈直度。而在较低的压力下，等离子体密度将大幅降低，使刻蚀效率变慢。解决离子能量随等离子体密度增加的方法是改用三极式 RIE 设备，如图 5.5（b）所示。它有三个电极，可将等离子体的产生与离子的加速分开控制，进而满足增加等离子体密度而不增加离子轰击能量的需求。要解决低压时等离子体密度不足的现象，则要靠后续的高密度等离子体来完成，也就是说需要改变整个等离子体源的设计。

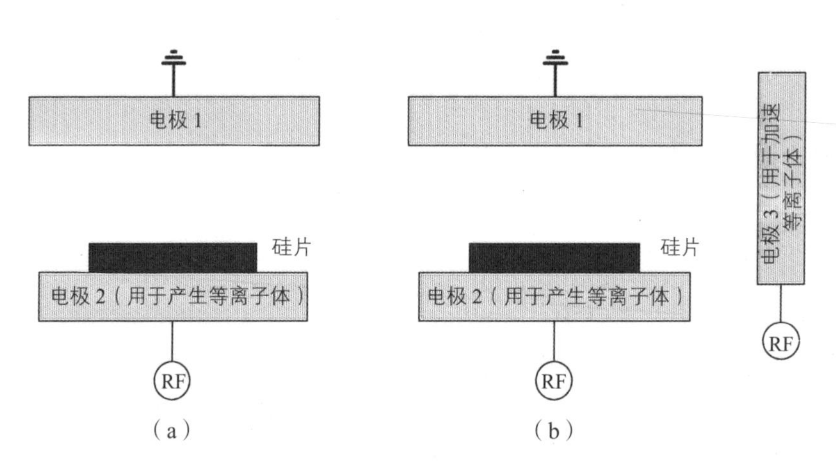

图 5.5　RIE 设备和三极式 RIE 设备

（a）传统 RIE 设备；（b）三极式 RIE 设备。

2. 磁场强化活性离子刻蚀机（Magnetically Enhanced Reactive Ion Etching，MERIE）：MERIE 在传统 RIE 的基础上增加了永磁体或线圈，以产生与硅片平行的磁场，该磁场垂直于电场。电子在磁场的影响下会成螺旋式运动，从而避免电子与腔壁的碰撞，增加电子与分子碰撞的风险，产生较高密度的等离子体。但正是由于磁场的存在，离子与电子在不同的偏转方向上分离，造成不均匀性和天线效应，所以磁场常被设计为旋转磁场。MERIE 的操作压力与 RIE 相似，约在 1~100 Pa 之间，所以也不适合用于小于 0.5 μm 以下线宽的刻蚀。

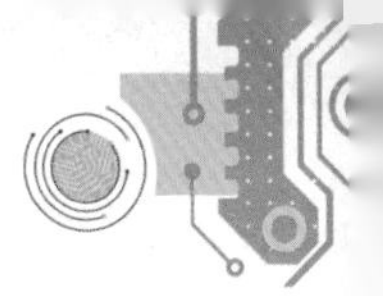

3. 电子回旋共振式等离子体刻蚀机（Electron cyclotron Resonance，ECR）：ECR是通过利用微波及外加磁场来产生高密度等离子体，其结构如图5.6所示，微波由微波导管穿过由石英或 Al_2O_3 制成的窗口进入等离子体产生腔中。此外，磁场随着与磁场线圈距离的增大而减小。这时，电子便随着变化的磁场向硅片运动，正离子则是靠浓度梯度向硅片扩散。通常在硅片上也会施加一个RF或直流偏压用来加速离子，提供离子撞击硅片的能量，借此达到非等向性刻蚀的效果。ECR最大的限制在于其所能使用的面积，因为激发等离子体的频率为2.45 GHz，波长只有10 cm左右，因此有效的硅片直径大约为6英寸。

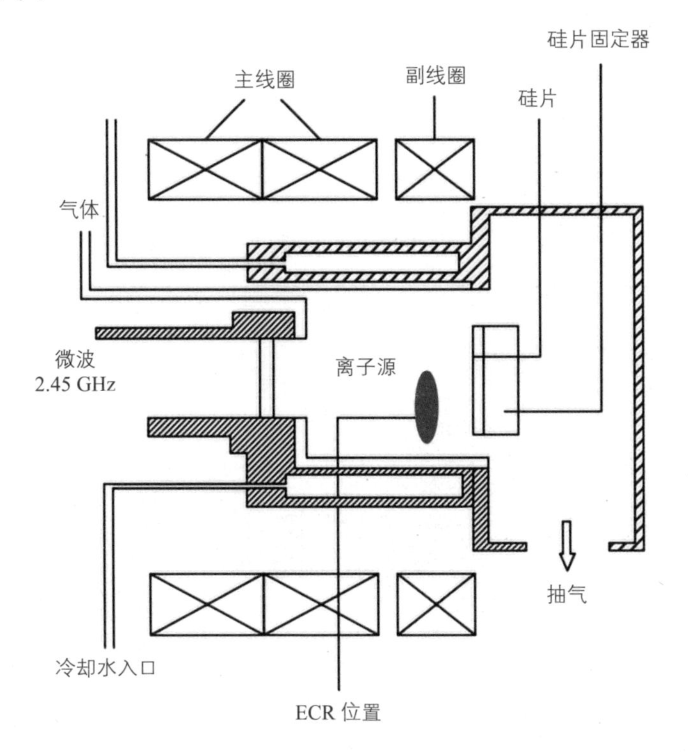

图5.6　电子回旋共振等离子体刻蚀机结构

4. 感应耦合式等离子体刻蚀机（Inductively Coupled Plasma，ICP）：ICP的结构如图5.7所示，在反应器上方有一介电层窗，其上方有螺旋缠绕的线圈，通过此感应线圈在介电层窗下产生等离子体。等离子体产生的位置与硅片之间只有几个平均自由程的距离，故只有少量的等离子体密度损失，可获得高密度的等离子体。

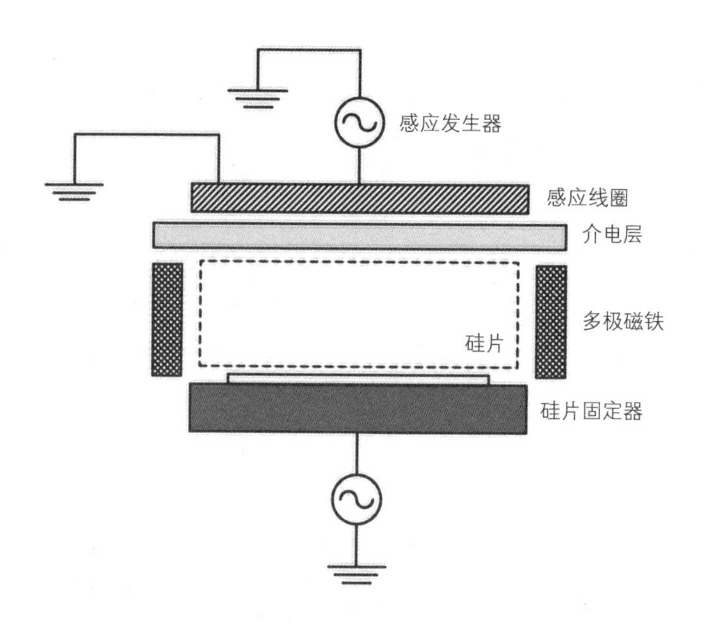

图 5.7　感应耦合等离子体刻蚀机结构

5. 螺旋波等离子体刻蚀机（Helicon Wave Plasma，HWP）：螺旋波等离子体刻蚀机的结构如图 5.8 所示，它有两个腔，上方是由石英制成的等离子

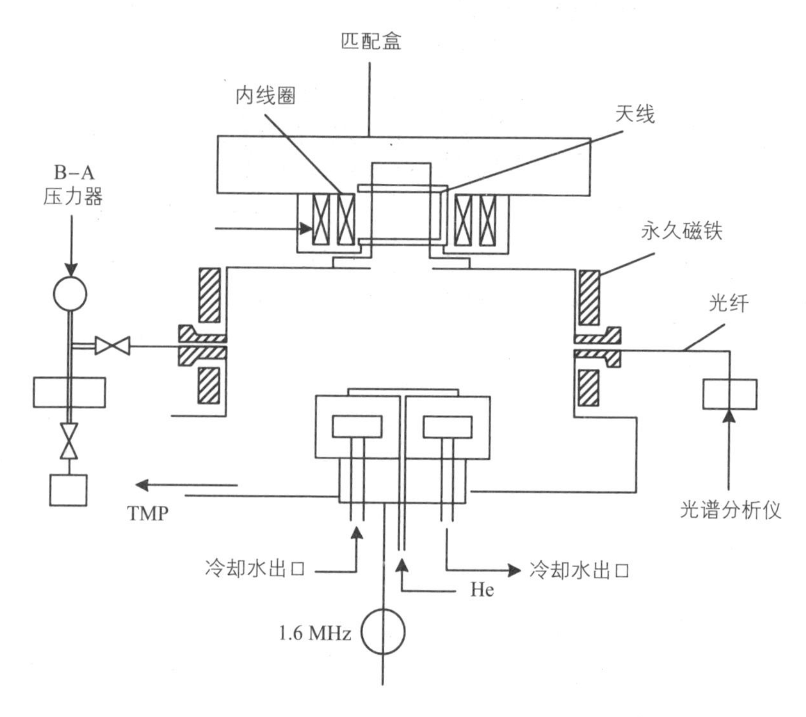

图 5.8　螺旋波等离子体刻蚀机结构

体来源腔，下面是刻蚀腔。等离子体来源腔外面包围了一个单圈或双圈的天线，用以激发 13.56 MHz 的横向电磁波，另外在石英腔外圈绕有两组线圈，用以产生纵向磁场，并与上面所提的横向电磁波耦合产生共振，形成所谓的螺旋波。当螺旋波的波长与天线的长度相同时，便可产生共振。采用这种方式，电磁波可将能量完全传给电子，从而获得高密度的等离子体。然后等离子体扩散到刻蚀腔中，离子可被刻蚀腔中外加的 RF 偏压加速，从而获得较高的离子轰击能量。等离子体扩散腔外围绕着大小相等方向相反的永久磁铁，目的在于避免离子或电子撞击在腔壁上。

“雕刻”行家特殊的工作环境

接下来以等离子体刻蚀为代表，以感应耦合等离子体刻蚀设备为例，详细介绍一下这位“雕刻行家”的工作环境。

等离子体刻蚀的反应装置主要由反应腔、真空泵、射频系统、压力传感器、气流控制单元和终点检测系统等组成。刻蚀家族的每个“成员”都是依据经验而设计，它们通过使用特定的压强组合、电极组态与类型及等离子体源频率来控制两种最基本的刻蚀机制——化学刻蚀和物理刻蚀。对于制造业中使用的大多数刻蚀设备，它们具有更高的刻蚀速度和自动化应用。

在集成电路先进制造技术中，主要的刻蚀方法是单片加工的高密度等离子刻蚀技术。以 ICP 为典型代表，ICP 由于其结构相对简单，性价比高，被广泛应用于干法刻蚀设备中。

ICP 的原理是当高频电流流过电感线圈时，产生感应磁场，该磁场通过绝缘介质窗进入到放电室，在腔内感应出高频电场。在电场与磁场的共同作用下，刻蚀腔内便可产生高密度的 ICP 等离子体。它一般采用两个独立的射频源，一个用来产生等离子体，控制等离子体的密度，另一个则用来控制离子轰击能量。将硅片置于刻蚀系统较小的射频“热”电极上，可使硅片通过自偏压而获得高离子轰击能量。

硅片承受的离子轰击能量是等离子体的直流偏压和自偏压之和。然而，增加的离子轰击强度也会损坏光刻胶，同时，微尘也会增加。ICP 反应室中的射频偏压系统则可产生自偏置并控制离子的轰击能量，并可调节射频功率，

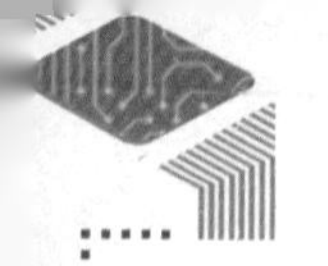

从而控制等离子密度，如图 5.9 所示。ICP 系统是一种利用化学反应和物理离子轰击去除待刻蚀材料层的技术，硅片放在腔室下方的阴极上，此电极的尺寸比接地电极要小很多，同时还可以产生一个直流自偏压，使得硅片和电子体之间产生电压差。这样的优点是等离子体具有向硅片移动的能力，因此可以获得良好的各向异性刻蚀效果。除此之外，阳极没有溅射，工作压力低。

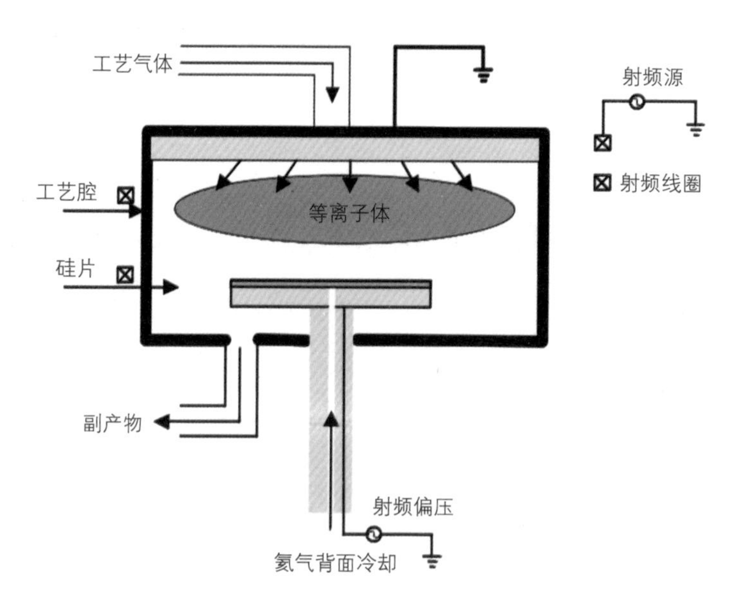

图 5.9　等离子体刻蚀系统示意图

良好的反应器设计应尽可能地延长自由电子在空间中的运动时间。在此期间，电子可以在电场和碰撞过程中持续获取能量，以发挥最大的效用。从这个角度来看，最好的放电形式并不是平板电极。由于平板电极的存在，当一定能量的电子撞击电极时，还可能造成放电腔室的电极污染。为了克服上述缺点，可以增加附加磁场，使电子在磁场的影响下做圆周运动。考虑电、磁场的共同作用，放电腔室中的自由电子的运动将是螺旋形，与交、直流放电和射频、微波放电相比，电子的运动路径将急剧增加。因而，在其最终因复合或者到达电极而损失掉之前，可反复用于有效的电离（相当于增加了电离截面）。最新刻蚀设备的上部电极，采用双线圈作为射频，好处是可以分别控制内外线圈的电流大小，从而分别调节硅片中心和外围的等离子密度。

下面将介绍等离子体刻蚀的反应装置的分系统。

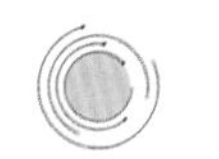

反应腔

刻蚀设备的核心是刻蚀反应腔，这是硅片放置以及进行刻蚀工艺的地方。根据干法刻蚀所采用的技术，刻蚀反应腔具体可分为筒形、平板电容形、钟罩式等多种不同的机械结构形式。除了腔体本身，它一般还会具有承片台、交直流偏压、终点探测等一些辅助结构。

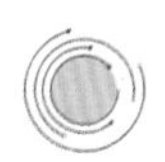

射频系统

感应耦合等离子体刻蚀设备有两个射频源，分别分布在刻蚀腔的上部和下部，均为 13.56 MHz。射频源功率主要影响着刻蚀腔中等离子体的密度，它是通过电感线圈将功率传输到等离子体中。下腔体的射频源主要用于向衬底施加偏置射频功率，目的是在被刻蚀的硅片上产生射频偏压，从而决定着轰击离子能量的大小。

射频系统一般分为两部分：射频发生器和匹配器，当射频发生器的内外阻值相等时，可以获得最小的损失功率。然而，由于刻蚀腔的等离子密度、压力和气体流量是随时间不断变化的，所以整个刻蚀腔的阻抗值一直呈动态变化。而阻抗网络的目的就在于调配源和负载的阻抗，使内外阻抗保持在 50 Ω 的恒定值。匹配器一般由电容和电感构成，通过改变电容和电阻的大小来调节频率实现共振，这使得功率损耗得以减小，从而有助于输出到阴极的功率达到设定值，图 5.10 是刻蚀系统中典型的匹配网络。

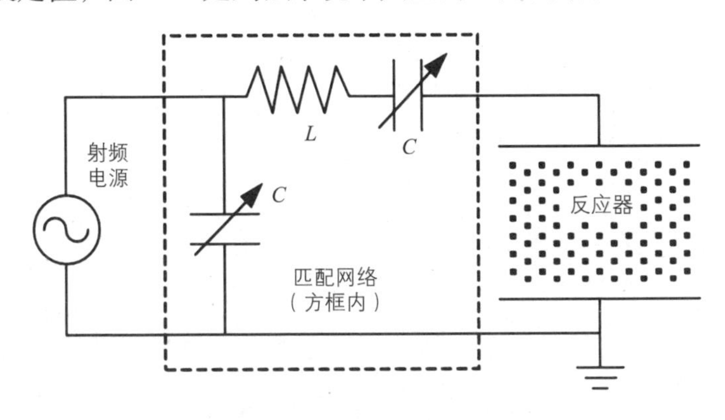

图 5.10　刻蚀系统典型匹配网络

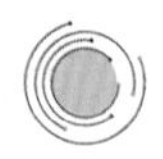

静电吸盘和硅片温度控制系统

电极装置主要包括静电吸盘和硅片温度控制系统。这些装置的作用有两点，一是固定刻蚀对象。各厂商在最新的刻蚀设备中基本都采用了静电吸盘技术，由于它避免了过去的固定模式下的机械接触，因而能够减少刻蚀制程中的尘埃数量。此外，它的热交换器和硅片背面氦气冷却技术可以提供更好的温度和刻蚀均匀性。二是使等离子体加速，这一特性主要在物理刻蚀上有所体现。

目前，电极结构主要有两种，一种是单电极系统，通电后在硅片下面产生正电子或负电子，然后利用静电引力吸引等离子体中的异性电子，并停留在硅片上，由于两性电子相互吸引从而完成硅片位置的固定。另一种设计是使用双电极，即两个电极通以不同极性的电流。通电后，硅片的两个半面具有不同的电性，同时在硅片上感应出相反的电荷，利用异性电荷相吸来固定硅片。

静电吸盘有两种类型：库仑力类和迥斯热背（Johnsen-Rahbek）类，前者采用纯电解质，后者使用混合电解质，两者都对静电吸盘施加一个电位，使得吸盘和硅片带电，且极性相反，电荷间的库仑力促使硅片吸附在静电吸盘表面。迥斯热背类的静电吸盘的吸力一般远大于库仑力类，并多采用参杂的氮化铝陶瓷材料，适用于对温度控制有严格要求的硅片关键层的刻蚀。

目前的刻蚀工艺对精确的温度控制要求很高，所以需要配备温度控制装置，基本原理都是利用循环水来控制温度。通过电热丝的开启和关闭，先进的下电极系统可以达到硅片中心和外围地区不同的温度要求，并可实现刻蚀过程中不同步骤的温度设置要求。

真空及压力控制系统

随着真空中压力的降低，气体分子移动的空间增加，平均自由程也相应增加。这对在有限时间内流过处理室并产生等离子体的刻蚀气体的应用具有重要影响。刻蚀中反应腔的压力一般在 3~300 torr，而压力过大或过小则会对

等离子体的均匀性以及整个硅片的刻蚀速率产生影响。真空泵主要分初级真空泵和高级真空泵两种。前者主要负责创造腔内的初级真空条件，去除腔内的绝大部分原始气体或其他的物质，并为高级真空进行抽气，而后者则是负责去除附在腔壁的残余水气或其他气体分子，从而获得压力范围更低的超高级真空。

真空计主要用来实时侦测刻蚀腔的压力，它分为冷阴极、热阴极和电容式几种类型，具有实现压力的测量的能力，从而保证硅片在要求的真空环境下进行刻蚀。高精度和稳定性好是对它的主要要求。广泛应用于半导体产业的主要是薄膜式电容真空计，它属于高精度温度补偿型，在苛刻环境下稳定性良好。其量程范围有 100 mtorr（毫托），1 torr 和 10 torr 几种，根据不同工程的刻蚀环境要求来选择真空计。

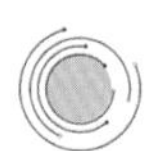

气体流量控制系统

质量流量控制器（General Gas Delivery Module，GGDM）主要用于控制刻蚀气体的流量，它利用气体的热传输特性，利用毛细管传热温差量热法的原理来测量气体的质量流量，并且不需要压力和温度的补偿。其主要由流量传感器、分流器通道和温度补偿电路等组成，流量范围一般为 50~1000 sccm。

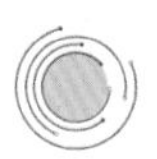

刻蚀终点检测系统

由于硅片的厚度和刻蚀速率的均匀性等问题，希望在最大限度地减小衬底材料损耗的同时，完全刻蚀图形材料。然而，这对于使用人工终点判断来说，有着很大的困难。为了实现终点评估的自动化和准确性，出现了光学终点检测系统。当刻蚀腔内的材料受到能量激发时，会发出一些具有一定波长的光谱，称为特征光谱。每种物质的特征光谱是不同的，因此可以通过测量仪器的特征光谱来区分不同的材料。另外，光强与物质的浓度成正比，通过这些可以分析被刻蚀材料的状态。

刻蚀终点检测系统一般由用于传输光信号的光纤、分光装置、光强传感装置、感应信号处理软件和接口电路等部分组成，其工作原理是通过监控来

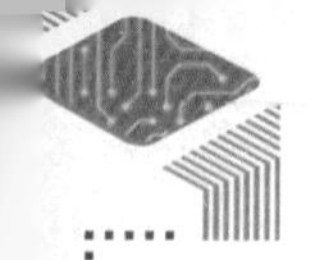

自等离子体反应中的一种产物，或反应物的某一特定发射光谱峰或波长。在预期的刻蚀终点处探测到发射光谱的改变就意味着探测到了发射光谱可检测的刻蚀终点。

传送系统

为了提高设备的生产效率，刻蚀工艺腔一般都是多腔集成的，并通过硅片传送系统以及中央传送腔进行连接。干法刻蚀设备一般采用运输车和盒装式自动化作业，25 片为一盒，并使用自动传片装置和预真空室。为了隔离外部环境与刻蚀腔真空环境，使用预真空室可以保证从片盒取片或者向片盒送片的过程，不会破坏反应腔中已经建立起来的较高真空环境，这样做也能够减少空气压力引起的尘埃污染。这种传送系统一般由机械手、硅片中心检测器和气缸等主要部件组成。

如何评估“雕刻”的水平

刻蚀的指标和表征主要包括刻蚀速率与均匀度、选择性、各向选择性（刻蚀的各向异性程度）。此外，刻蚀成本也是在选择刻蚀方法时的一个重要指标。

刻蚀速率越快，则设备的产率越大，这对于降低成本以及提升企业竞争力而言十分有利。刻蚀速率通常可利用气体的种类、流量、等离子体源及偏压功率进行控制，在其他因素尚可接受的条件下越快越好。均匀度是表征硅片上不同位置的刻蚀速率差异的指标。较好的均匀度意味着硅片有较好的刻蚀速率和优良的成品率。硅片从 80 mm、100 mm 发展到 300 mm，面积越来越大，因此对均匀度的控制就显得越来越重要。选择比是指被刻蚀材料的刻蚀速率与掩模或底层的刻蚀速率的比值，选择比的控制通常与气体种类、比例、等离子体的偏压功率、反应湿度等有关。各向异性则决定了刻蚀轮廓，一般而言越接近 90° 的垂直刻蚀越好，只有在少数特例（如在接触孔或走线孔的制作）中，为了使后续金属溅镀工艺能有较好的阶梯覆盖能力而故意使其刻蚀轮廓小于 90° 。

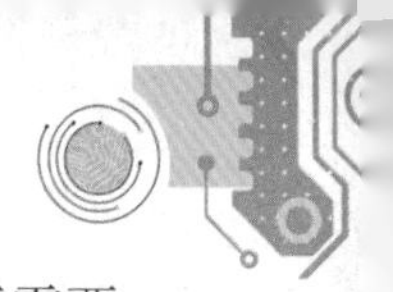

对于一个刻蚀工艺而言，必须平衡刻蚀速度与刻蚀精度，此外，还需要结合实际的应用与工程需要。例如薄膜的厚度本来就很薄，而薄膜厚度的相对误差苛刻，这时刻蚀的速率就要低一点。

关于刻蚀的选择性，是指掩模材料与暴露在刻蚀环境下的材料对于刻蚀介质（腐蚀剂、等离子体）的敏感程度。例如，采用 SiO_2 作为掩模来刻蚀 Si_3N_4，必须要比较 SiO_2、Si_3N_4 和 Si 对于腐蚀剂磷酸的刻蚀速率，即“选择性”要求在磷酸里浸泡的时候 Si_3N_4 的腐蚀速率快于 SiO_2，并且在腐蚀结束的时候，磷酸不要腐蚀到 Si 的基底，也就是需要对 Si 的腐蚀速率也要很低。满足这些条件，才是一个合格的刻蚀过程。实验证明，以 SiO_2 作为掩模，Si 为衬底，用磷酸刻蚀 Si_3N_4 是一个合理的方案。

关于刻蚀的各向异性，是指刻蚀剂（腐蚀液或等离子体）对于要刻蚀的材料横向方向的刻蚀速率。湿法刻蚀利用腐蚀溶液与刻蚀材料的化学反应形成刻蚀过程，化学反应本身并不具有方向性。刻蚀一开始只发生在表面，之后材料的底面和侧面将同时暴露在腐蚀溶液之下，腐蚀会在纵向和横向同时进行，如图 5.11 所示。所以湿法刻蚀属于各向同性的刻蚀。显然，湿法刻蚀存在侧向刻蚀，不能保证细微结构和线条的刻蚀精度，而干法刻蚀就可以规避这个问题，干法刻蚀利用近乎垂直于表面的离子溅射在被刻蚀物的表面从而将被刻蚀物的原子击出，进而达到刻蚀的目的，其优点在于具有非常好的方向性，可获得接近垂直的刻蚀轮廓，所以称为各向异性刻蚀，其可以刻出非常精细的结构和线条。

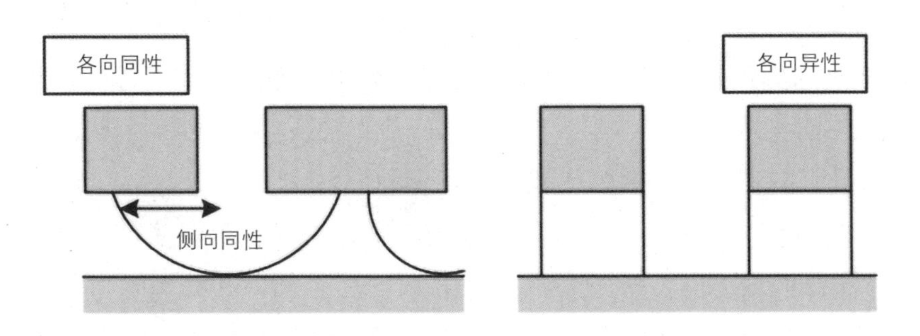

图 5.11　湿法刻蚀（各向同性）与干法刻蚀（各向异性）

第六章　精确的“制衣”能手
——薄膜沉积设备

芯片喜欢穿什么样的“衣服”

如果说刻蚀技术是集成电路工艺的“减法”，那么薄膜沉积显然就是集成电路工艺的“加法”。那么，什么是薄膜沉积呢？让我们先从什么是薄膜开始讲起。

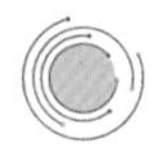

薄膜的概念

薄膜是一种特殊的物质形态。在实际应用中，它涉及的材料十分广泛，可以用单质或化合物，也可以用无机材料或有机材料来制成，还可用固体、液体或气体物质来合成。薄膜与块体物质一样，可以是非晶态、多晶态、单晶态、微晶、纳米晶、多层膜或超晶格等多种形态。

什么叫薄膜（Thin Film）？薄膜的定义是什么？有多“薄”才算薄膜？薄膜是随科学的发展而自然形成的。它和“涂层”“箔”既有类似的含义，但又有差别。以厚度来对薄膜加以描述，通常是把膜层在无基片而独立形成时的厚度作为薄膜厚度的一个大体标准，规定厚度约为 1 μm。随着科学与工程应用领域的不断扩大和发展，薄膜领域也在不断扩展。不同的应用领域对薄膜的厚度有着不同的要求。曾有学者为了区分薄膜与涂层的厚度区别，提出

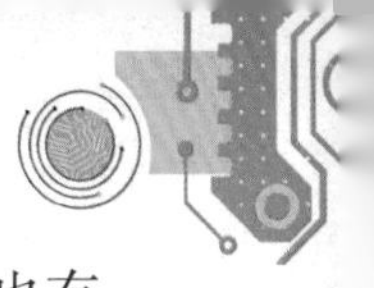

了 25 μm 厚度以上称为涂层，1~25 μm 厚度则称为薄膜的说法。此外，也有人把几十微米厚度的膜层称为薄膜。

基于微电子器件发展的需要，加上对电子器件的集成度要求越来越高，超大规模集成电路中的器件在 20 世纪 80 年代还是微米量级，但到了 20 世纪 90 年代就要求达到亚微米量级，而到了 2000 年，分子电子器件则需达到纳米量级。因此，研究亚微米和纳米薄膜的沉积制备技术变得十分重要。现今应用较多的薄膜有单晶硅、多晶硅和非晶硅薄膜，SiO_2 薄膜，Si_3N_4 薄膜和有机物薄膜等。可见，随着科学技术的发展，特别是微电子器件、光电子器件领域的不断更新，对薄膜的定义也在不断地发展和延伸。在半导体材料中，附着于衬底上而与衬底在组分或结构等方面存在着差异的物质称为薄膜。

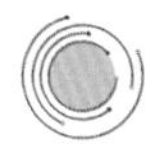

薄膜的类型

根据使用场合的不同，集成电路常用的有三类薄膜：金属薄膜、半导体薄膜和绝缘薄膜，分别用于实现器件之间的互联、半导体器件的结构制作和器件之间相互隔离等功能。下面列举了几种常见的半导体薄膜。

1. 多晶硅薄膜：多晶硅薄膜由小单晶（大约是 100 nm 量级）的晶粒组成，因此存在大量的晶粒间界，从而表现出许多与单晶硅相近的性质。多晶硅薄膜在集成电路制造中有许多重要的应用。实验证明，多晶硅与随后的高温热处理工艺有很好的兼容性，而且与铝栅相比，多晶硅与热生长 SiO_2 的接触性能更好（界面态的密度非常低）。此外，在陡峭的台阶上淀积多晶硅时能够获得很好的保形性，因而高掺杂的多晶硅薄膜作为栅电极和互连线在集成电路中的应用非常广泛。

2. 二氧化硅薄膜：二氧化硅薄膜在超大规模集成电路（Very Large Scale Integration ，VLSL）工艺中有着广泛且重要的应用，其主要作为多晶硅与金属层之间的绝缘层、多层布线中金属层之间的绝缘层、MOS 晶体管的栅极介质层、吸杂质、扩散源、扩散和离子注入工艺中的掩模等。对所沉积的 SiO_2 薄膜而言，希望其厚度均匀，结构性能好，粒子和化学玷污低，与衬底之间有良好的黏附性，具有较小的应力以防止碎裂，良好的完整性以获得较高的介质击穿电压，较好的台阶覆盖以满足多层互联的要求。

由化学气相沉积得到的 SiO_2 是由 Si-O 四面体组成的无定型网络结构，一般而言，沉积的 SiO_2 同热生长 SiO_2 相比，密度较低，Si 与 O 的数量之比与热生长 SiO_2 也存在轻微的差别，因而所得到薄膜的力学和电学特性也就有所不同。

3. 氮化硅薄膜：氮化硅（Si_3N_4）薄膜是一种无定形的绝缘材料。由于它具有较高的介电常数（为 6~9，而化学气相沉积所得到的 SiO_2 只有 4.2 左右），如果令其代替 SiO_2 作为导体之间的绝缘层，将会导致较大的寄生电容，从而降低了电路的速度，因此不能用作层间绝缘层的材料。

Si_3N_4 很适用于作为钝化层，这是因为它具有如下特性。首先，对扩散来说，它具有非常强的掩蔽能力，尤其是钠和水汽在 Si_3N_4 中的扩散速度非常慢。其次，通过等离子体增强化学气相沉积法可以制备出具有较低压应力的氮化硅薄膜。此外，Si_3N_4 可以对底层金属进行保形覆盖。最后，制备的 Si_3N_4 薄膜针孔较少。

集成电路不同的发展历程和发展阶段使用不同类型的半导体薄膜。从初期的以 Al、SiO_2 和 Si 为主要材料的集成电路技术，到 2010 年以后发展日趋成熟的薄膜沉积技术，在这期间，薄膜沉积的精确度和工程化能力大大地提高。乘着新的薄膜技术发展的“东风”，更多的新材料将登上集成电路制造的舞台。

“制衣”能手的绝活儿

在一定的衬底上，用溅射、氧化、外延、蒸发、电镀等方法制成绝缘体、半导体、金属及合金等厚度在 nm 与 μm 之间的薄膜，这种加工技术就是薄膜的沉积技术和薄膜生长技术。

薄膜沉积是简单的厚度层面的“加法”，期间薄膜的增长过程与衬底没有相互作用，衬底材料的厚度没有改变或消耗。而薄膜生长技术则需要依托特定的衬底来完成，如硅的氧化过程是表面处氧化剂与硅原子起反应，生成新的 SiO_2 层，其中氧化膜是以消耗硅衬底原子的方式生成的。

如图 6.1 所示，薄膜沉积的四个主要过程分别是源的激发和产生、输运、薄膜沉积以及表征分析。薄膜沉积技术可以大致分为物理技术、化学技术和原子技术三大类。

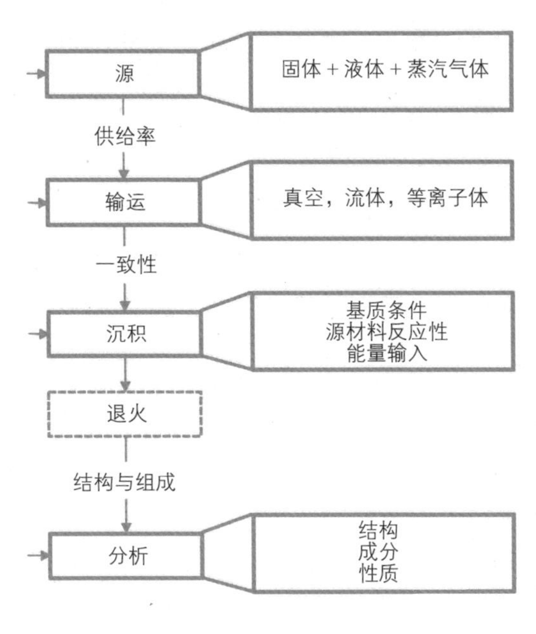

图 6.1　薄膜沉积的基本过程

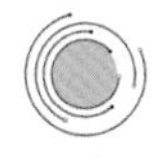

物理气相沉积技术

物理气相沉积（Physical Vapor Deposition，PVD）指的是利用例如蒸发或溅射的物理过程来实现物质的转移，即将原子或分子由源转移到衬底（硅）表面上，并沉积成薄膜。真空蒸发和溅射是 PVD 技术中最基本的两种方法，另外还有电子束物理气相沉积（Electron Beam Physical Vapor Deposition，EBPVD）技术。

材料表面在任何温度下都存在蒸气，当材料的温度低于熔化温度时，产生蒸气的过程称为升华，而熔化时产生蒸气的过程则称为蒸发。真空蒸发就是利用蒸发材料在高温时所具有的饱和蒸气压来进行薄膜制备。在真空条件下，加热蒸发源，使原子或分子从蒸发源表面逸出，形成蒸气流并入射到硅片（衬底）表面，接着凝结形成固态薄膜。因为真空蒸发法的主要物理过程是通过加热蒸发材料，使其原子或分子蒸发，所以又称为热蒸发。

真空蒸发法的主要优点包括设备较为简单，操作容易，制备的薄膜纯度

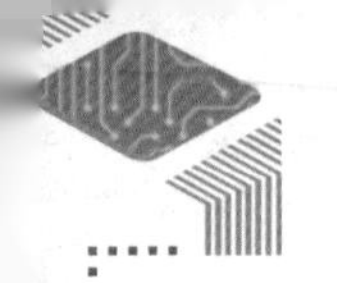

较高，厚度控制比较精确，成膜速率快，生长机理简单等。这种方法的主要缺点是所形成的薄膜与衬底附着力较小，工艺重复性不够理想，台阶覆盖的能力差等。因此溅射法制备薄膜的技术开始慢慢取代真空蒸发法，但目前在Ⅲ－Ⅴ族化合物（元素周期表中Ⅲ族元素与Ⅴ族元素形成的化合物）半导体工艺中仍应用真空蒸发法来制备薄膜。

具有一定能量的入射离子在对固体表面进行轰击时，入射离子在与固体表面原子的碰撞过程中将发生能量和动量的转移，并将固体表面的原子飞溅出来，这种现象叫做溅射。溅射与热蒸发在本质上是不相同的，热蒸发是由能量转化引起的，而溅射有动量的转换，所以溅射出的原子具有方向性。

溅射现象是在辉光放电中观察到的。在辉光放电过程中，离子对阴极的轰击可以使阴极的物质飞溅出来。利用这种现象制备薄膜的方法称为溅射法。溅射法是利用带有电荷的离子在电场中加速后具有一定动能的特点，将离子引向欲被溅射的靶电极。在离子能量合适的情况下，入射离子在与靶表面原子的碰撞过程中会使靶原子溅射出来。这些被溅射出来的原子将带有一定的动能，并沿一定方向射向衬底，从而实现了在衬底上的薄膜沉积。

溅射技术与蒸发技术相比，具有许多优点。例如，可以溅射沉积成任何能做成靶材的材料，特别是高熔点材料（如石墨、钛、钽、钨、钼等），且由于沉积原子能量较高，沉积的薄层与衬底附着性好，对复杂形状表面的覆盖能力强，在沉积多元化合金薄膜时化学成分容易控制，工艺重复性好。溅射法的主要缺点是沉积速率不高。此外，等离子体对基片（衬底）存在辐射、轰击作用，这不但会引起基片温度升高，而且可能形成内部缺陷。

EBPVD是电子束蒸发技术与电子物理气相沉积技术相结合的产物。电阻蒸发源的工作温度低，不能蒸镀难熔金属、陶瓷薄膜，它们需要使用高能电子束作为加热源的电子束蒸发源。电子束通过电子枪来产生，电子枪中阴极发射的电子在电场的加速作用下获得动能，轰击处于阳极的原材料上，使原材料加热汽化，从而实现蒸发镀膜。在真空环境下，5~20 kV高能量密度的电子束通过电场后被加速，最后聚焦到待蒸发材料的表面。当电子束打到待蒸发材料表面时，电子会迅速损失掉自己的能量，将能量传递给待蒸发材料使其熔化并蒸发，也就是待蒸发材料的表面直接由撞击的电子束加热。EBPVD利用高能量密度的电子束加热放在水冷坩埚中的被蒸发材料，使其达

到熔融汽化状态，并在基板上凝结成膜。任何材料都可以通过电子束加热的方式被蒸发，蒸发速率一般在每秒 0.1~10 μm 之间，电子束源形式多样，性能可靠。

化学气相沉积技术

化学气相沉积（Chemical Vapor Deposition，CVD）是集成电路工艺中用来制备薄膜的另一种重要方法。这种方法是把含有构成薄膜所需元素的气态反应剂或者液态反应剂的蒸气，以合理的流速引入反应室，在衬底表面发生化学反应从而在衬底表面上沉积薄膜。CVD 的优点有：

（1）沉积温度低：一般地说，化学气相沉积可以在较高的温度下采用加热的方式获取活化能。此外，也可以在较低的温度下采用等离子体激发或激光辐射等方法获取活化能。

（2）薄膜成分易控：在工艺性质上，化学气相沉积是原子尺度内的粒子堆积，因而可以在很宽的范围内控制所制备薄膜的化学计量比，其中膜厚与沉积时间成正比。此外，通过控制涂层化学成分的变化，可以制备梯度功能材料或得到多层涂层。

（3）均匀性、重复性、台阶覆盖性较好：由于气态原子或分子具有较大的转动动能，可以在深孔、阶梯、洼面或其他形状复杂的衬底及颗粒材料上进行沉积。即使在化学性质完全不同的衬底上，利用 CVD 也能沉积出晶格常数与衬底匹配良好的薄膜。

（4）薄膜材料范围广：在工艺材料上，化学气相沉积涵盖了无机金属、有机金属及有机化合物，几乎可以制备所有的金属（包括碳和硅）、非金属及其化合物（碳化物、氮化物、氧化物、金属间化合物等）淀积层。在超大规模集成电路中很多薄膜都是采用 CVD 方法制备。

然而，CVD 也存在一些缺点，其主要缺点是沉积所需温度较高，热影响显著，有时甚至具有破坏性，且设备复杂，工艺控制难度较大。

化学气相沉积的主要步骤为：

（1）反应剂（或被惰性气体稀释的反应剂）气体以合理的流速被输送到反应室内，气流从入口进入反应室并以平流形式向出口流动，平流区也称为

主气流区，其间气体流速保持不变。

（2）反应剂以扩散方式从主气流区通过边界层到达衬底（如硅片）表面，边界层是主气流区与硅片表面之间影响气流速度的气体薄层。反应剂被吸附在衬底表面，成为吸附原子（分子）。

（3）吸附原子（分子）在衬底表面发生化学反应，生成薄膜的基本元素并沉积成薄膜。

（4）化学反应的气态副产物和未反应的反应剂离开衬底表面，进入主气流区被排出系统。

通过上述步骤可以看出，CVD 的主要过程涉及源气体输运、反应、扩散、吸附和沉积，所以化学反应的类型、沉积温度、反应室的气体压力流动状况、衬底条件等都会影响 CVD 的质量。

外延技术

在集成电路工艺中，外延是指在单晶衬底（如硅片）上按衬底晶向生长单晶薄膜的工艺过程。外延生长工艺是薄膜沉积中的一种特殊的生长方法。从广义上来说，外延也属于 CVD 范畴。在外延工艺中，可根据需要来控制外延层的导电类型、电阻率、厚度，而且这些参数不依赖于衬底情况。如果生长的外延层和衬底材料一致，则称该工艺为同质外延。通常所提外延均指同质外延。

在外延生长过程中，根据向衬底输送原子的方式可以把外延生长分为三类：气相外延（Vapour Phase Epitaxy，VPE）、液相外延（Liquid Phase Epitaxy，LPE）和固相外延（Solid Phase Epitaxy，SPE）。在气相外延中，为了保证外延层的晶体完整性，外延必须在高温（800~1150℃）下进行，这也是气相外延的缺点。高温工艺加重了扩散效应和自掺杂效应，因此对外延层掺杂情况的控制产生了一定影响。液相外延只需要应用在Ⅲ－Ⅴ族化合物（例如砷化镓和磷化铟等）的外延层制备中，而固相外延则应用在离子注入后的退火过程中，因为高剂量的离子注入往往会使注入区由晶体变为非晶区。在低温退火过程中，该非晶区可通过固相外延转变为晶体。

外延在早期的半导体工艺中被用来改善当时普遍应用的双极型晶体

管（Bipolar Junction Transistor，BJT）的性能，解决击穿电压与集电区电阻率之间的矛盾。在 N^+ 型重掺杂的衬底上生长一层轻掺杂的 N 型外延层，把双极型晶体管做在掺杂浓度不高的外延层上，不但保证了较高的击穿电压，而且重掺杂的衬底又降低了集电极的串联电阻，提高了器件的工作频率。随后外延工艺被用到互补金属氧化物半导体（Complementary Metal Oxide Semiconductor，CMOS）集成电路工艺中。制备在外延层上的 CMOS 电路与制备在硅抛光片上相比，避免了闩锁效应，避免了硅层中 SiO_2 的沉积，使得硅表面更光滑，损伤更小。薄外延层需要在较低的温度下进行生长。

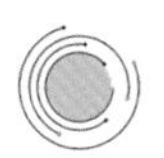

电化学沉积技术

电化学沉积技术可分为电镀和阳极氧化两大类。

电镀是指在含有被镀金属离子的溶液或熔盐中通直流电，使阳离子在阴极表面放电，使得在作为阴极的基片表面还原出金属，从而获得金属或合金薄膜的沉积。整个沉积系统由电源、电解液、阳极和阴极构成。这种沉积技术主要具有薄膜生长速度快和基片无形状限制的优点，但沉积过程难以控制，残液环境危害大，且只能在导电基板上沉积金属（合金）薄膜。它主要应用于电镀硬铬、电镀半导体薄膜。

阳极氧化是指在适当的电解液中，采用铝、镁、硅、钽、钛、铌等金属或合金基片作为阳极，通过电化学反应在阳极表面形成金属氧化物薄膜的方法。尽管这种技术可生长的薄膜厚度存在极限，但其工艺设备简单、易于实现，易着色，能够获得色泽非常美观的硬化抗蚀薄膜。它主要应用于各类铝合金、钛合金的表面钝化、美化以及硬化处理。

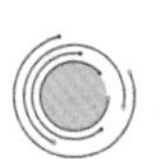

溶液化学反应沉积技术

溶液化学反应沉积技术可以分为化学镀和溶胶—凝胶技术两类。

化学镀是指在无电流通过（无外界动力）时借助还原剂在金属盐溶液中使目标金属离子还原，并沉积在基片表面上形成金属/合金薄膜的方法。那么，电镀与化学镀有什么差别呢？电镀的反应驱动力来自外加电场赋予的能

量，而化学镀的反应驱动力来自溶液体系自身的化学势。这是两者的本质区别。化学镀的主要优点是无需电源、加热和复杂工装；镀层均匀平整；镀层孔隙率较低；工件大小、膜厚无限制；可在盲孔等复杂表面均匀镀膜；设备简单、成本低、易实现自动化；可直接在非导体上镀膜；易于获得不同的表面光洁度。但是，它的缺点也很明显。镀液寿命有限、消耗快、废液处理成本高。

溶液－凝胶技术是指将Ⅲ、Ⅴ、Ⅵ族金属或半金属元素的有机化合物和无机盐（氯化物、硝酸盐、乙酸盐）溶于有机溶剂（乙酸、丙酮等）中获得溶胶镀液，采用浸渍或离心甩胶等方法涂覆于基片表面，因溶胶水解而获得胶体膜，之后再进行干燥脱水处理获得氧化物等固体薄膜的方法。这种技术方法的主要优点是薄膜组分均匀、成分易控制，成膜平整、可制备较大面积的薄膜，且成本低、周期短、易于实现工业化生产，常用于制备各种功能薄膜（例如二氧化钛等）。

原子层沉积技术

原子层沉积（Atomic Layer Deposition，ALD）技术是一种气相薄膜沉积技术，它利用饱和自限性的表面化学反应，使薄膜材料在原子层尺度上逐层可控生长。ALD 也称为原子层外延（Atomic Layer Epitaxy，ALE）。早期，ALD 技术主要用于沉积平板显示器上的硫化锌、锰等场致发光薄膜。20 世纪 80 年代中期，该技术开始用来制备多晶薄膜、Ⅲ－Ⅴ和Ⅱ－Ⅵ族半导体薄膜以及非晶氧化铝薄膜。到了 20 世纪末，该技术开始用来制备高介电常数的材料，代替 SiO_2 作为 MOS 晶体管的栅介质，用于集成电路，在工业上获得了广泛应用。

ALD 本质上是一种 CVD 技术，是建立在连续的表面反应基础上的一门新兴技术。与传统 CVD 不同的是，ALD 技术是交替脉冲式地将反应气体通入到生长室中，使其交替在衬底表面吸附并发生反应，并在两气体束流之间清洗反应室，每个生长周期只沉积一个单原子层，其生长是自限制的。ALD 技术的主要特色在于可对复杂多孔三维结构实现均匀保形的薄膜包覆，因而被应用在越来越多的纳米材料设计和制备中。

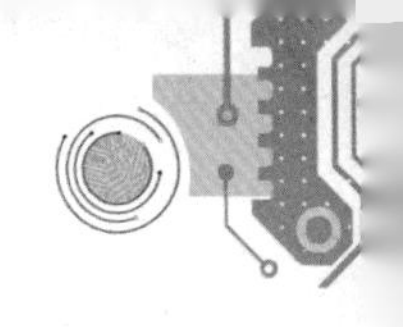

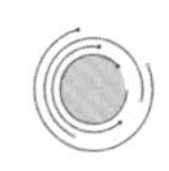

薄膜沉积设备总览

通过上述内容，可以看到薄膜沉积技术分类广泛，而各类技术需要使用相应的设备。图 6.2 是对主要的薄膜沉积设备进行的简单分类，图中的每一种设备均会在后续内容中进行详细介绍。

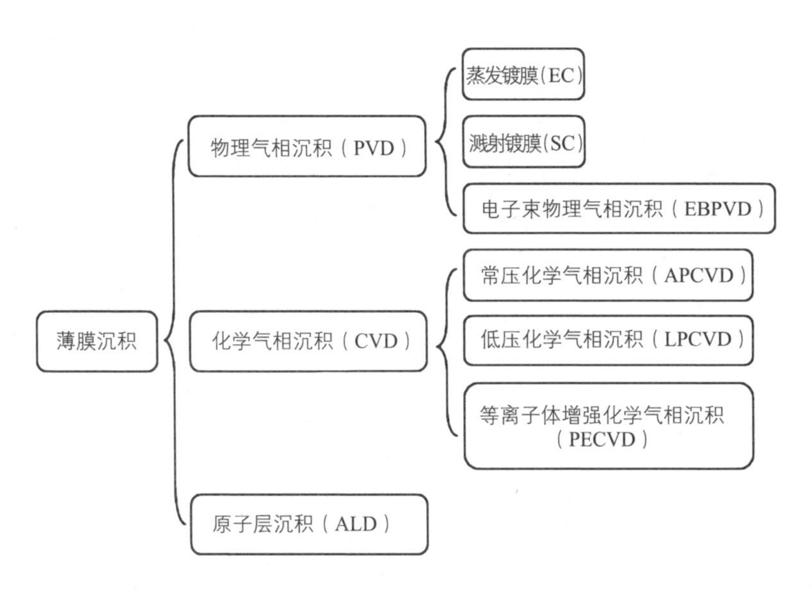

图 6.2　薄膜沉积设备示意图

物理“制衣”法——物理气相沉积设备

PVD 设备概况

物理气相沉积设备的结构大体如图 6.3 所示。

图 6.3　物理气相沉积设备框图

蒸发镀膜装置（Evaporation Coating，EC）一般包括前处理设备、蒸发镀膜机和后处理设备三部分。其中蒸发镀膜机通常包括真空室、真空（排气）系统、蒸发系统以及电器设备等。真空室内的工件架具有转动结构，用来提高镀膜厚度的均匀性。除此之外，真空室内还有加热（烘烤）、离子轰击或离子源等装置。连续镀膜还有卷板和传动装置。排气系统一般由机械泵、罗茨泵和扩散泵组成。蒸发系统包括蒸发源和电气设备，连续镀膜机还有加料装置等。

溅射镀膜（Sputtering Coating，SC）装置的真空系统与真空蒸发镀膜装置相比较，除了增加充气装置外，其余均相似，且原本的蒸发镀膜装置的蒸发源被溅射源取代。以磁控溅射镀膜装置为例，主要由真空室、排气系统、磁控溅射源系统和控制系统四个部分组成。

电子束物理气相沉积装置使用了电子束蒸发设备。接下来将详细介绍蒸发镀膜装置、溅射镀膜装置和电子束物理气相沉积装置这三种类型装置。

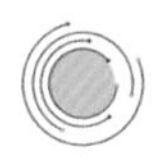

蒸发镀膜装置

采用真空蒸发工艺制备薄膜的历史可以追溯到 19 世纪 50 年代。尽管这是一种非常古老的薄膜沉积技术，但它具有操作简单、沉积参数易于控制等优点。其原理是先将工件放入真空室，并用一定的方法加热，然后使镀膜材料蒸发或升华至工件表面凝聚成膜。随着沉积技术的不断发展，为了进一步改善真空蒸发镀膜技术，对于其中的真空系统，除将抽气改为无油系统、加强工艺过程的监控之外，主要改进蒸发源，如改用陶瓷的氮化硼坩埚；为了蒸发低蒸气压物质，采用电子束加热源或激光加热源；为制造多层复合膜，出现了多源共蒸发或顺序蒸发法；为制备化合物薄膜或抑制薄膜成分对原材料的偏离，出现了反应蒸发法等。目前使用的蒸发源主要有电阻加热、电子束加热、高频感应加热、电弧加热和激光加热五大类。由于电阻加热蒸发法不适用于高纯或高熔点物质的蒸发，而电子束蒸发可以克服这个缺点，因而电子束蒸发适用范围更广。下面就具体来介绍电子束蒸发装置。

如图 6.4 所示，在电子束蒸发装置中，被加热的物质放置于水冷铜坩埚里，电子束只轰击到其中很少的一部分物质，而其余大部分物质在坩埚的冷

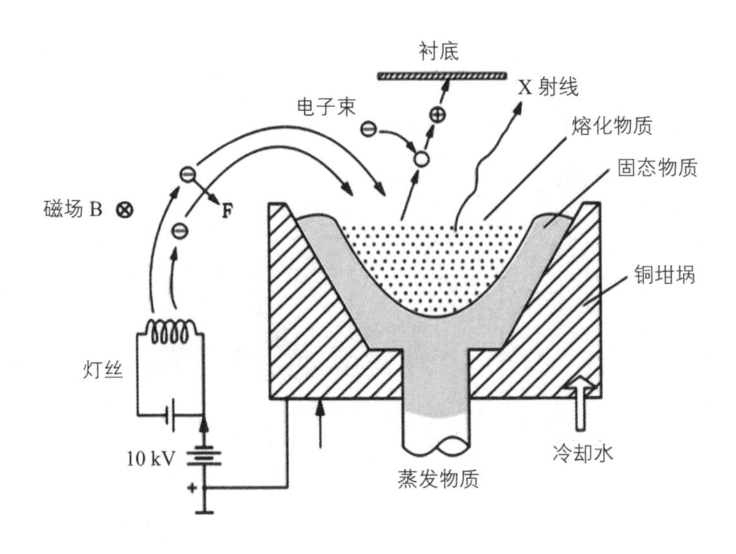

图 6.4　电子束蒸发装置

却作用下一直处于很低的温度。在同一个蒸发镀膜装置内可安置数个坩埚，这样就可以同时或分别蒸发和沉积多种不同的物质。在此装置中，由加热灯丝发射出的电子束受到数千伏的偏置电压的加速，经过横向布置的磁场偏转 270° 后到达被轰击的坩埚处。其中磁场的使用可以避免灯丝材料的蒸发对镀膜过程可能造成的污染。装置中的水冷系统会带走电子束的绝大部分能量，导致热效率降低，这是电子束蒸发的一个缺点。除了这个缺点之外，过高的加热功率也会对整个薄膜沉积系统形成较强的热辐射。

与电子束加热方式类似的一种加热方式是电弧放电加热法，这种方法同样可以避免电阻加热材料或坩埚材料的污染，特别适用于熔点高且具有一定导电性的难熔金属、石墨等的蒸发，其装置与电子束加热装置相比更加简单。电弧加热蒸发可以分为交流电弧放电、直流电弧放电和电子轰击电弧放电三种类型。在电弧蒸发装置中，使用预蒸发的材料制成放电的电极。在薄膜沉积的过程中，通过调节真空室内电极间距来点燃电弧，而瞬间的高温电弧使得电极端部产生蒸发从而实现物质的沉积。控制电弧的点燃次数或时间就可以沉积出一定厚度的薄膜。这种方法的主要缺点是在放电过程中容易产生微米量级大小的电极颗粒的飞溅现象。这些微粒在碰撞蒸镀膜时会对膜层造成伤害，从而影响被沉积薄膜的均匀性。

使用高功率的激光束作为能源进行薄膜沉积的方法称为激光蒸发沉积方

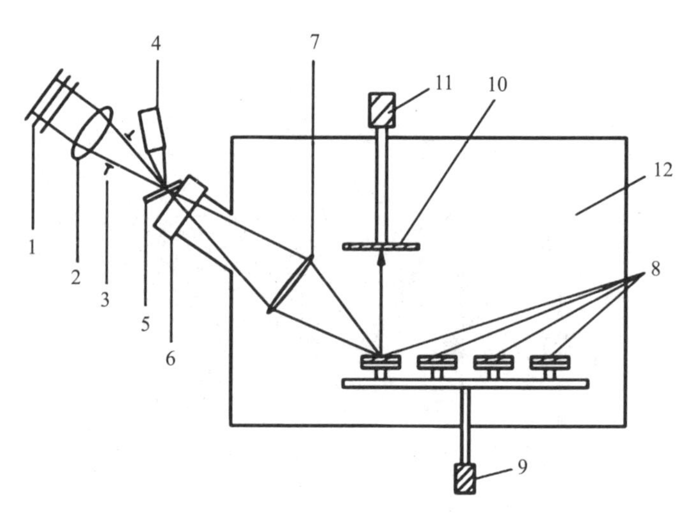

1—玻璃衰减器　2，7—透镜　3—光圈　4—光电池　5—分光器　6—沉积室窗口
8—旋转靶　9，11—旋转电机　10—基片　12—真空室

图 6.5　激光蒸发原理图

法。由于不同的材料吸收激光的波段范围不同，因此需要根据不同的材料选用相应的激光器。例如，二氧化硅、硫化锌、氟化镁、二氧化钛、氧化铝、氮化硅等膜料，适合用二氧化碳连续激光；铬、钨、钛、硫化锑等膜料，适合用玻璃脉冲激光；锗、砷化镓等膜料，宜用红宝石脉冲激光。这种方法可以蒸发任何能吸收激光光能的高熔点材料，蒸发速度极快，制得的膜层成分几乎与膜料成分一样。图 6.5 为激光蒸发原理图。激光器置于真空室之外，高能量的激光束透过窗口进入真空室内，经透镜或凹面镜聚焦之后照射到制成靶片的蒸发材料上，使之加热汽化蒸发，然后沉积在基底上。

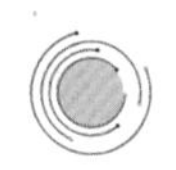

溅射镀膜装置

1. 阴极溅射：最早获得应用的是阴极溅射，它由阴极和阳极两个电极组成，故又叫二极溅射或直流（DC）溅射。阴极溅射装置采用平行板电极结构，安装在钟罩式的真空室内，阴极为靶材，阳极为支持衬底的基板。在溅射室抽真空至气压为 10^{-3}~10^{-4} Pa 后，充入惰性气体（如 Ar）至气压为 1~10^{-1} Pa，在两极间通数千伏的高压，形成辉光放电，建立等离子区。离子轰击靶材，通过动量传递，这样靶材原子就被打出而沉积在衬底上。

阴极溅射的优点是结构简单，操作方便，可以长时间进行溅射。但此法也存在很大的缺点：其一，由于阴极溅射辉光放电的离化率低，只有 0.3% ~ 0.5% 的气体被电离，因而阴极溅射的沉积速率比较低，只有 80 nm/min 左右；其二，阴极溅射因为采用直流电源，所使用的靶材为金属靶材，在非反应性气体中不能制备绝缘介质材料；其三，离子轰击阴极产生的二次电子直接轰击衬底，具有较高的温度，一些不能承受高温的衬底的应用就会受到限制，而且高能离子轰击又会对衬底造成一定程度的损伤；其四，工作气压高，残留气体对薄膜会造成一定的污染，也影响沉积速率，而降低工作气压很容易使辉光放电熄灭。为改善这些问题，产生了三极和四极溅射，而阴极溅射已不作为独立的镀膜工艺设备使用，但仍作为一种辅助手段。例如，在磁控溅射镀膜中，沉积薄膜前先用阴极溅射清洗衬底，这时衬底为阴极，受离子轰击，清除表面吸附的气体和氧化物等污染层，以增加薄膜和衬底的结合强度。

2. 三极溅射和四极溅射：阴极溅射是利用冷阴极辉光放电，阴极本身又兼作靶材。与此不同的是，三极溅射的阴极有别于靶材，需另外设置，称之为热阴极。所谓“三极”指的是阴极、阳极和靶电极。四极溅射是在上述三极的基础上再加上辅助电极，也称为稳定电极，用以稳定辉光放电。在这种系统中，等离子区由热阴极和一个与靶无关的阳极来维持，而靶偏压是独立的，通常还引入一个定向磁场，把等离子体聚成一定的形状，如呈弧柱放电，则电离效率将显著提高，所以有时也称三极和四极溅射为等离子体溅射。这种系统可大大降低靶电压，并在较低的气压下（如 10^{-1} Pa）进行放电，溅射速率也可从阴极溅射的 80 nm/min 提高到 2 μm/min。在四极溅射典型的装置中，热阴极可以采用钨丝或钽丝，辅助热电子流的能量一般为 100~200 eV，以获得充分的电离，但又不会使靶过分加热。因此，调节热阴极的参数既可用于温度控制，又可用于电荷控制。为使等离子体收聚，并提高电离效率，还需要在电子运动方向施加场强大约为 50G 的磁场。

对于三极和四极溅射，可以完全独立地控制轰击靶材的离子电流和离子能量，且在较低压力下也能维持放电，因此溅射条件的可变范围大，这对于基础研究是十分有益的。系统在一百至数百伏的靶电压下也能运行，由于靶电压低，对衬底的辐射损伤小。引起衬底发热的二次电子被磁场捕获，可以

避免衬底升温。但是，和阴极溅射相比，三级和四级溅射的装置结构较为复杂，较难获得覆盖面积大、密度均匀的等离子体，且灯丝比较容易被消耗。这是该溅射装置的一些显著不足。三级和四级溅射装置曾在 20 世纪 60 年代前后，被广泛使用，但近年来除了特殊用途之外几乎不再被使用。

3. 射频溅射：射频（Radio Frequency，RF）溅射可以直接溅射绝缘介质材料，又称高频溅射，前面所述的溅射是利用金属、半导体靶制备薄膜的有效方法，但不能用来溅射介质绝缘材料。这主要是因为正离子打到靶材上产生正电荷积累而使表面电位升高，致使正离子不能继续轰击靶材而终止溅射。但如果在绝缘靶背面装上一金属电极，并施加频率为 5~30 MHz 的高频电场（一般采用工业频率 13.56 MHz），则溅射便可持续。因而射频溅射可以用于溅射绝缘介质材料。在靶电极接线端上串联一只 100~300 pF 的电容器，同样可以溅射金属。

射频溅射的最初形式是在直流放电等离子体中引入第三极，并在此极上引入射频偏压，对原来极板面上所安装的介质靶材进行溅射。现在一般采用的射频装置是使射频电场和磁场重叠，在射频电极上再施加直流偏压，由此产生溅射。

4. 磁控溅射：磁控溅射是把磁控原理与普通溅射技术相结合，利用磁场的特殊分布控制电场中的电子运动轨迹，以此来改进溅射的工艺。前面所述的溅射系统的主要缺点是溅射速率较低。为了在低气压下进行高速溅射，必须有效地提高气体的离化率。由于引入了正交电磁场，磁控溅射的离化率可以提高到 5%~6%，从而使溅射速率提高 10 倍左右。对于许多材料而言，溅射速率达到了电子束的蒸发速率。

磁控溅射的电极类型有平面型、圆柱型和 S 枪型，如图 6.6 所示。对于平面型，靶材与支持衬底的电极平行放置，永久磁铁在靶表面形成 2×10^{-2}~3×10^{-2} T 的磁场，它同靶与衬底之间的高压电场构成正交电磁场。进入空间后，由于洛伦兹作用力影响，靶表面的电子沿着电磁场的旋度方向做平行于靶面的摆线运动，从而产生浓度很高的等离子体。圆柱型磁控溅射又分为内圆柱型和外圆柱型两种，图 6.6（b）和图 6.6（c）是它们的工作原理和结构示意图。内圆柱型磁控溅射的阴极靶材在中央，呈圆柱状，衬底架做成围绕靶子的圆筒；外圆柱型则恰好相反。对于圆柱型磁控溅射，为维持放电正常

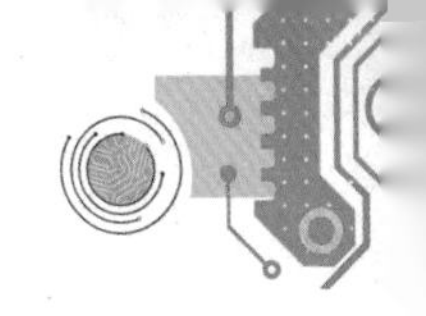

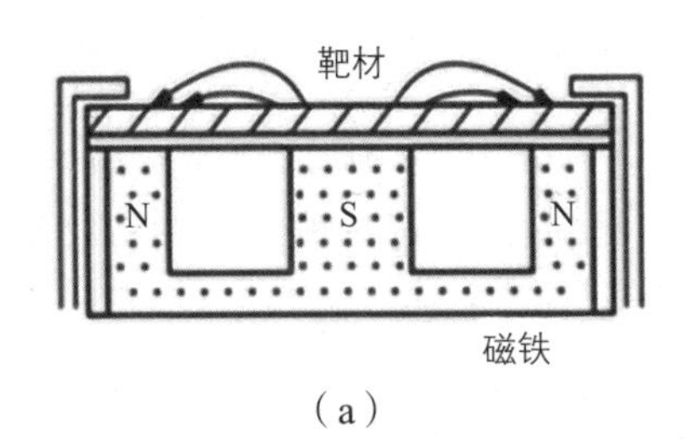

(a)

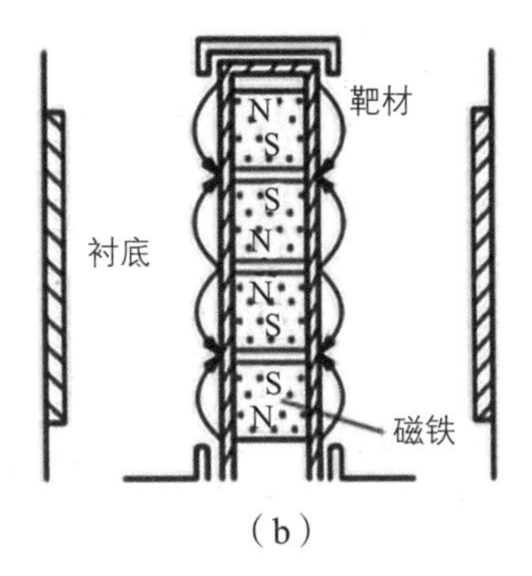

(b)

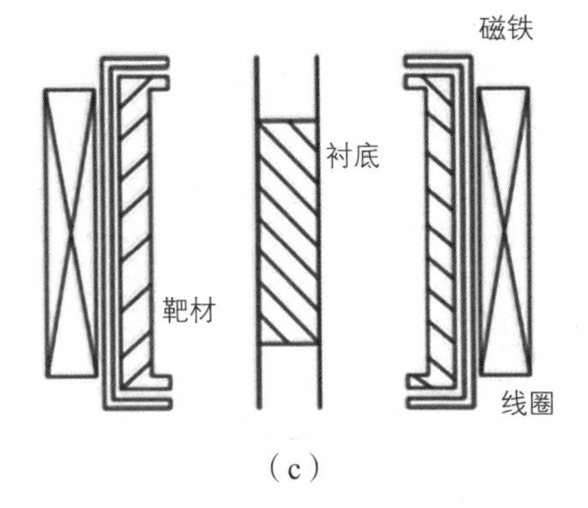

(c)

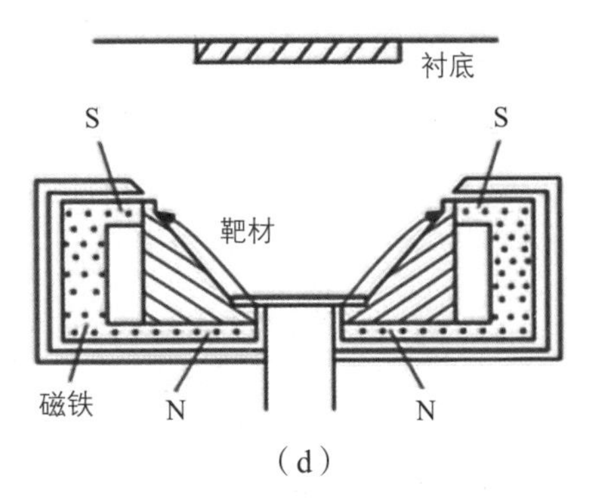

(d)

图 6.6　磁控溅射电极类型

(a)平面型;(b)内圆柱型;(c)外圆柱型;(d)S 枪型。

进行，必须设法减少二次电子的端部损失。这种类型的装置适合于制备管子的内外壁薄膜。第三种是 S 枪型磁控溅射，通常采用倒圆锥状靶材和行星式支持衬底电极相结合的结构，因此有时也称为圆锥型磁控溅射。图 6.5（d）是 S 枪型磁控溅射的结构原理图。在薄膜制备中，S 枪可代替电子枪方便地安装在现有镀膜机上。S 枪实质上是一个同轴二极管，内圆柱体为阳极，外圆柱体为阴极。在阳极和阴极之间加上一个径向电场，同时在阴、阳极空间里加上一个轴向磁场，形成正交电磁场。电子束在靶面附近，形成强等离子体环。

磁控溅射不仅可以实现很高的溅射速率，而且在溅射金属时还可避免二次电子轰击而使衬底保持接近冷态，这对单晶和塑料衬底具有重要的意义。磁控溅射可用 DC 和 RF 放电工作，故能制备金属膜和介质膜。磁控溅射有较多的优点，如沉积速率大、产量高，功率效率高，可进行低能溅射，向衬底的入射能量低、溅射原子的离化率高等。

5. 离子束溅射：离子束溅射沉积又称为二次离子束沉积，由惰性气体产生的高能离子束（100~10000 eV）轰击靶材进行溅射，沉积到衬底上成膜。其系统主要由离子源、离子束引出极和沉积室三部分构成。离子源放电室和沉积室是分开的，两者具有不同的气压。离子源使用的工作气体通常为 Ar，压强为 10^{-2}~10^{2} Pa，产生的 Ar+ 由离子束引出极引出，经加速聚焦形成具有一定能量的离子束，然后进入沉积室，轰击靶材引起溅射，从而沉积到衬底表面。从离子源出来的 Ar 离子束带正电荷，会受到库仑斥力而使平行离子束变得不平行，因此在沉积室的 Ar 离子束入口处通常安装一个中和灯丝电极，称为中和阴极。由灯丝发出的电子去中和离子束的正电荷，使其成为中性束，平行照射靶材。这样可以消除因溅射而使介质靶材积累的正电荷。在沉积室中引入反应气体（如 O_2、NH_3），还可以进行反应离子束磁控溅射，形成化合物薄膜，如氧化物、氮化物等。

与普通溅射相比，离子束溅射沉积具有如下优点：（1）用平行离子束来溅射靶材，离子束的入射角和束流以及离子能量易于控制，可以做到离子束的精确聚焦和扫描；（2）沉积室中的工作压强低，可将气相散射对沉积的影响减到最小，同时又可减少气体对薄膜的污染；（3）衬底相对于离子源和靶材是独立的，温度和电压可以单独控制，与靶材和高频电路无关，因而可以避免受高能电子的轰击；（4）离子束独立控制，可得到性能很好的薄膜，也为溅射过程以及薄膜生长过程的研究提供了强有力的手段。

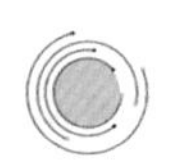

电子束物理气相沉积装置

EBPVD 与传统的加热方式形成鲜明的对照。由于与盛装待蒸发材料的坩埚相接触的蒸发材料在整个蒸发淀积过程保持固体状态不变，这样就使待蒸发材料与坩埚发生反应的可能性减少到最低。由于材料在气相中可以不遵守其在液相或固相中必须遵守的溶解度法则，因此通过同时蒸发多种材料，将它们的蒸气粒子混合并凝聚到一定的衬底上，可以制备出许多在平衡状态下难以制备或不可能得到的材料。所以，EBPVD 技术为许多新材料的制备创造了广阔的空间，但电子束蒸发设备较为昂贵，且较为复杂。

典型 EBPVD 原理示意图如图 6.7 所示。电子束蒸发设备为工业型电子束

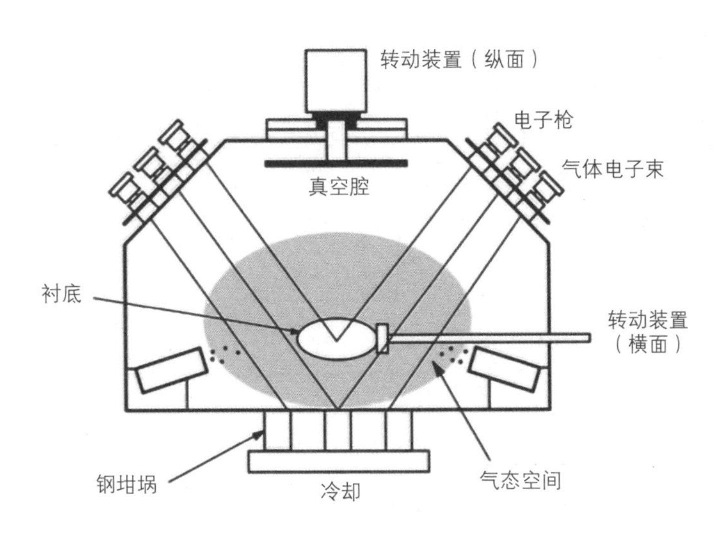

图 6.7　EBPVD 原理

设备，采用计算机控制，其中电子束的束流束斑大小和束斑的移动均由计算机操作完成。蒸发材料通过送料机进行持续补给，在可绕水平轴旋转的支架上安装基板。其中多把电子枪可分别或同时蒸发对应的多个锭料，亦可把电子枪用于从下方或上方对基板进行加热。采用电子枪对基板进行加热具有能量密度高，升温速率快等显著优点，但在加热一些陶瓷基片时，其过高的升温速率可能导致陶瓷基片的开裂。

化学“制衣”法——化学气相沉积设备

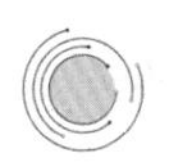

CVD 设备概况

化学气相沉积设备的基本构成如图 6.8 所示，按照作用可分为气体运输、气相反应以及去除副产品三个部分。具体而言，可分为气体源、气体输入管道、气体流量控制系统、反应室、基座加热及控制系统、温度控制及测量系统等。

1. CVD 气体源：在 CVD 过程中，可以用气态源也可以用液态源。早期 CVD 主要用的是在室温下已经气化的气态源，并由质量流量计精确控制反应剂进入反应室的速度。但目前气态源正在被液态源取代。这是由于 CVD 中使

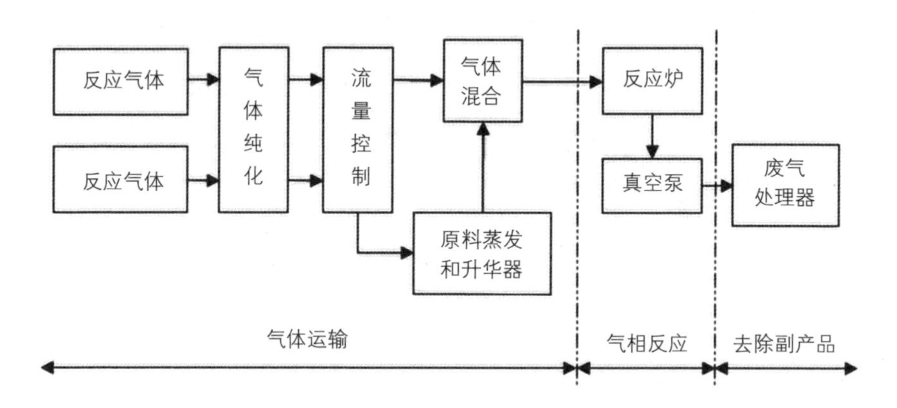

图 6.8　CVD 设备的基本构成

用的许多气体有毒、易燃且腐蚀性强，若在室温下是液态的，就会更安全。此外，液体的气压比气体的气压要小得多，因此在泄露事故当中，液体产生致命超剂量的概率就更小。除了安全考虑之外，许多薄膜在采用液体沉积时会有更好的特性。

对于室温下为液态的反应剂，必须在输送到反应室之前高温加热使其汽化，反应剂的气压越低，输送越难。液态源的输送一般通过三种方式实现，分别为冒泡法、加热液态源以及液态源直接注入法。

2. 质量流量控制系统：CVD 系统要求进入反应室的气流速度是精确可控的。在实际应用中，可以通过控制反应室的气压来控制气体流量，而更普遍的方法则是直接控制气体流量，这是由质量流量控制系统来实现的。质量流量控制系统主要包括质量流量计和阀门，它们位于气体源和反应室之间。质量流量计是质量控制系统中最核心的部件。

3. CVD 反应室热源：在所有的 CVD 过程中，薄膜是在高于室温的温度下沉积的。反应室的侧壁温度保持在 T_W，而放置硅片的基座温度恒定在 T_S，当 $T_W = T_S$ 时称作热壁式 CVD 系统，当 $T_W < T_S$ 时称作冷壁式 CVD 系统。但即使在冷壁式系统中，其侧壁温度也高于室温。实际上，在一些冷壁式系统中，因受加热系统的影响反应室侧壁也可能达到较高温度，为此需要对侧壁进行冷却。

有多种加热方法能使沉积系统达到所需要的温度。第一种为电阻加热法，利用缠绕在反应管外侧的电阻丝进行加热，反应室侧壁与硅片温度相等时，形成一个热壁式系统。对于这种情况，必须准确控制温度。此外，电阻加热法也可以只对放置硅片的基座进行加热，硅片的温度高于反应室侧壁的温度，形成冷壁式系统。第二种是采用电感加热或者高能辐射灯加热，这种方法是直接加热基座和硅片，也形成了一种冷壁式系统。

4. 典型 CVD 总览：化学气相沉积技术可以按照沉积温度、沉积室内的压力、沉积室壁的温度、沉积反应的激活方式等进行分类。目前常用的 CVD 系统有：常压化学气相沉积（Atmospheric Pressure CVD，APCVD）、低压化学气相沉积（Low Pressure CVD ，LPCVD）和等离子体增强化学气相沉积（Plasma Enhanced CVD，PECVD）等。这三种 CVD 各自的优缺点及应用如表 6.1 所示。

表 6.1　典型 CVD 制程的优缺点比较

制　程	优　点	缺　点	应　用
APCVD	反应器结构简单 沉积速率快 低温制程	步阶覆盖能差 粒子污染	低温气化物
LPCVD	高纯度 步阶覆盖极佳 可沉积大面积芯片	高温制程 低沉积速率	高温氧化物 多晶硅 钨，硅化钨
PECVD	低温制程 高沉积速率 步阶覆盖性良好	化学污染 粒子污染	低温绝缘体 钝化层

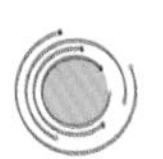

常压化学气相沉积（APCVD）

APCVD 系统是微电子工业中最早使用的 CVD 系统，早期被用来沉积氧化层和生长硅外延层，至今仍然使用。它是在大气压下进行沉积的系统，操作简单，并且能够以较高的沉积速率进行沉积，特别适用于介质薄膜的沉积。但 APCVD 易于发生气相反应，产生微粒污染，而且以硅烷为反应剂沉积的 SiO_2 薄膜，其台阶覆盖性和均匀性比较差。APCVD 一般是通过质量输运来控制沉积速率，因此在单位时间内能否精确控制到达不同硅片表面及同一硅片表面不同位置的反应剂数量，是所沉积薄膜均匀性好坏与否的关键。这就对

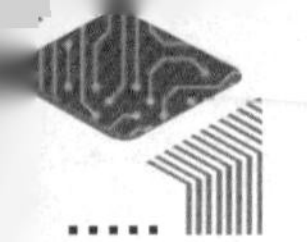

反应室结构和气流模式提出了更高的要求。虽然 APCVD 的氮化物和多晶硅的质量比较好，但是已逐渐被 LPCVD 取代。不过 APCVD 的沉积速率可超过 100 nm/min，因此这种工艺对沉积厚的介质层依然很有吸引力。

图 6.9 给出了两种类型 APCVD 系统的原理图。第一种是水平式反应系统，如图 6.9（a）所示。此系统使用水平的石英管，硅片平放在一个固定的倾斜基座上。它由缠绕在反应管外侧热电阻丝提供辐射热能作为反应激活能，或是射频电源通过绕在反应管外面的射频线圈加热基座供给热能来作为反应激活能。

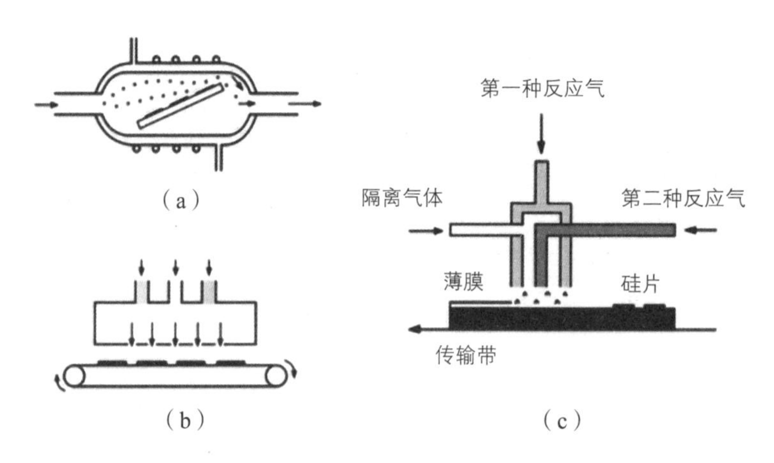

图 6.9　两种 APCVD 系统原理图

（a）水平式反应系统；（b）连续沉积系统；（c）连续沉积系统。

第二种是如图 6.9（b）（c）所示的连续沉积的 APCVD 系统。在连续沉积的 APCVD 中，放在受热移动盘上或者传输带上的硅片连续通过非沉积区和沉积区，这两个区域是通过流动的惰性气体实现隔离的。连续工作的沉积区始终保持稳定的状态，反应气体从硅片上方的喷头持续稳定地喷入到沉积区，同时硅片不断被送入、导出沉积区。这种 APCVD 系统用来沉积低温 SiO_2 薄膜的较常用的 CVD 系统。

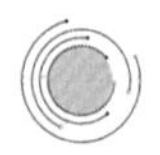

低压化学气相沉积（LPCVD）

LPCVD 是 CVD 的一个分支，同时也是半导体集成电路制造工艺中必不可少的重要工序之一。它主要用于多晶硅及其原位掺杂、氮化硅、氧化硅及钨化硅等薄膜的生长。其基本原理是将一种或数种物质的气体，在低气压条

件下，以热能的方式激活，发生热分解或化学反应，在衬底（如硅片）表面沉积所需的固体薄膜。LPCVD 是在低于大气压状况下进行沉积，由于反应器工作压力的降低，反应气体的质量输送速度显著增强。在常压下，质量迁移速度和表面反应速度通常是以相同的数量级增加的；而在低压下，质量迁移速度的增加远比界面反应速度快，反应气体穿过边界层，当工作压力从 10000 Pa 降至 100 Pa 时，扩散系数增加约 1000 倍。因此，低压 CVD 在一般情况下能提供更好的膜厚度均匀性、阶梯覆盖性和结构完整性。当然，反应速率与反应气体的分压成正比。因此，系统工作压力的降低应主要依靠减少载气用量来完成。

与常规 CVD 系统相比较，LPCVD 系统的优点在于具有优异的薄膜均匀度，以及较佳的覆盖能力适用于沉积大面积的芯片，采用正硅酸乙酯沉积 SiO_2 薄膜时，与常压 CVD 相比，LPCVD 的生产成本仅为原来的 1/5，甚至更小，而产量可提高 10~20 倍，沉积薄膜的均匀性也从常压法的 ±8%~±11% 改善到 ±1%~±2%。而 LPCVD 的缺点则是沉积速率较低，而且需要经常使用具有毒性、腐蚀性、可燃性的气体。由于 LPCVD 所沉积的薄膜具有较优良的性质，因此在集成电路制造中常用 LPCVD 制备品质要求较高的薄膜。

LPCVD 扩散炉是目前主流 8 英寸、12 英寸集成电路生产线中常见的 LPCVD 设备。其优点是工艺控制简单、成本低。图 6.10 是一个典型的 LPCVD 系统的结构示意图。该反应系统采用卧式反应器，生产能力强，采用垂直密集装片方式，进一步提高了系统的生产效率。它的基座放置在热壁炉内，可以非常精准地控制反应速度。

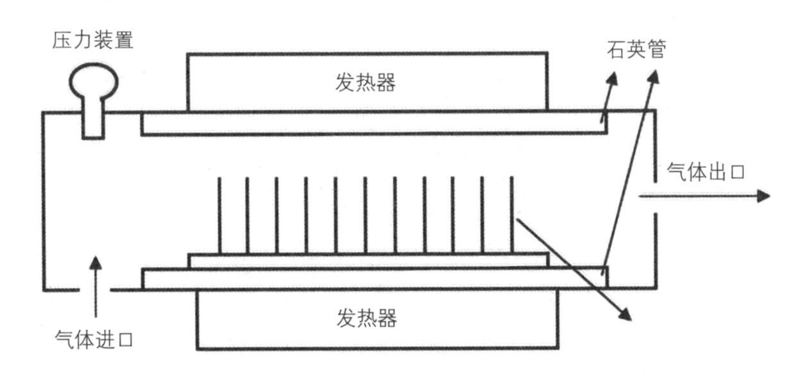

图 6.10　低压化学气相沉积（LPCVD）系统结构

随着集成电路工艺的不断进步，尤其到了纳米量级以后，对集成电路工艺的要求日益严格。另外，随着一些新材料、新技术的引入，工艺集成对低热预算的要求日益苛刻。高温处理时间在以小时量级的扩散炉，已不能满足纳米级集成电路工艺的需要。此时，单硅片 LPCVD 设备在纳米级的芯片制造工艺中逐渐替代常规的 LPCVD 扩散炉。与扩散炉的热场加热方式不同，单硅片生长室采用接触式加热。衬底进入生长室后落在接触片上，经过 30~50 s 的时间即可达到热平衡，同时通入载气伺服气流稳定并使生长压力达到平衡。然后，通入反应气体，进行薄膜的生长。成膜后，利用 10 s 左右的时间将生长室抽成真空，最后将衬底传出。通常单片硅片完成工艺生长总共需时为 2~4 min。在纳米级集成电路制造中，单硅片 LPCVD 设备已经广泛用于氧化硅、氮化硅、多晶硅以及硅钨合金等薄膜的生长上，与扩散炉相比，使用单硅片工艺可以节约至少 85%的热预算。

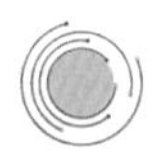

等离子体增强化学气相沉积（PECVD）

PECVD 又称为等离子体辅助 CVD，是在传统 CVD 基础上发展起来的一种新的制膜技术，也是最常用的化学气相沉积系统。它是借助于外部电场的作用引起放电，使前驱气体成为等离子体状态，等离子体激活前驱气体发生化学反应，从而在衬底上生长薄膜的方法，特别适用于功能材料薄膜和化合物膜的合成，并且具有许多优点。相对于热激化 CVD、真空和溅射镀膜而言，该方法利用等离子中的电子动能来激发化学气相反应。该系统使用电浆的辅助能量，使得沉积反应的温度得以降低。PECVD 将沉积温度从 1000℃降低到 600℃以下，最低的只有 300℃左右。

PECVD 技术的特点包括：

（1）实现了薄膜沉积工艺的低温化。一些按热平衡理论不能发生的反应和不能获得的物质结构，在 PECVD 系统中将可能发生。例如体积分数为 1%的甲烷（CH_4）在 H_2 中的混合物热解时，在热平衡的 CVD 中得到的是石墨薄膜，而在非平衡的 PECVD 中可以得到金刚石薄膜。

（2）可用于生长界面陡峭的多层结构。在 PECVD 的低温沉积条件下，如果没有等离子体，沉积反应几乎不会发生。而一旦有等离子体存在，沉积反应就能以适当的速度进行。这样一来，可以把等离子体作为沉积反应的开关，用于开始和停止沉积反应。由于等离子体开关的反应时间相当于气体分子的碰撞时间，因此利用 PECVD 技术可生长界面陡峭的多层结构。

（3）可以提高沉积速率，增加均匀性。这是因为在多数 PECVD 的情况下，体系压力较低，增强了前驱气体和气态副产物穿过边界层在平流层和衬底表面之间的质量输运。

（4）等离子体轰击的负面影响会对衬底材料和薄膜材料造成离子轰击损伤。在 PECVD 过程中，相对于等离子体电位而言，衬底电位通常为负，这势必招致等离子体中的正离子被电场加速后轰击衬底，导致衬底损伤和薄膜缺陷。

另外，PECVD 反应是非选择性的。等离子体中点所在的能量分布范围很宽，除电子碰撞外，在粒子碰撞作用和放电时产生的射线作用下也可产生新粒子，因此 PECVD 装置一般来讲比较复杂，价格也较高。

原子“制衣”法——原子层沉积设备

随着半导体工艺技术持续推进，芯片尺寸及线宽的不断缩小，对于薄膜工艺的厚度均匀性及质量的要求也日渐提高。传统的 CVD 沉积技术已很难有效地精确控制薄膜特性以满足日益严苛的工艺技术要求。

原子层沉积技术（ALD），也称为原子层化学气相沉积（Atomic Layer Chemical Vapor Deposition，ALCVD）。它是利用反应气体与基板之间的气 - 固相反应来完成工艺的需求。由于可完成精度较高的工艺，因此它被视为先进半导体工艺技术的发展关键技术之一。

ALD 是超越 CVD 的技术，它是当需要精确控制沉积厚度、台阶覆盖和保形性时应选用的新技术。在 ALD 进行薄膜生长时，将适当的前驱反应气体以脉冲方式通入反应器中，随后再通入惰性气体进行清洗，对随后的每一沉积层都重复这样的程序。ALD 沉积的关键要素是它在沉积过程中具有自限制特性，能在非常宽的工艺窗口中一层层地重复生长，所生长的薄膜均匀、没有针孔，且对薄膜图形的保形性极好。

ALD 设备能在较低温度下沉积薄而均匀的纯净薄膜，包括金属与介电质

薄膜。ALD 技术作为 90 nm IC 芯片和电子存储器件生产的关键技术正越来越在世界范围内被接受。美国应用材料公司（Applied Materials）和荷兰 ASM 国际公司（ASM International）等世界领先的半导体设备供货商，都先后推出了不同类型的 ALD 设备。这些最新水平的设备也进入了原子级，而它们已被世界范围内的不同客户用于生产各种关键、先进的元件。这些元件被用于光纤通信系统、无线和移动电话应用程序、光纤存储装置、照明、信号和照明设备以及其他广泛的先进技术上。

应用材料推出的 iSprint Centura 系统，是结合 300 mm ALD 与 CVD 的系统，应用于 90 nm 以下钨金属接触区量产中。这套系统含 4 个反应室，每小时产出超过 65 片硅片，据称较其他相似的竞争产品多出 50% 产出量，节省 40% 消耗与营运成本。

日本东京电子（Tokyo Electron Ltd.）研发的 NT333TM ALD 设备，采用了空间 ALD 方法而不是传统的分时 ALD 技术，从而提供了优异的薄膜质量和高生产率。在每个腔室中可以同时处理多个基板。腔室本身被分割成互补的部分，通过基板旋转，可以连续地同时暴露和吸附前体和其他反应物。通过硅片台的一次旋转来执行一次 ALD 循环，且在保持高转台转速的同时，能够减轻等离子对高品质薄膜的损害。

第七章　日益“精”进
——集成电路制造设备的竞争格局

通过这趟集成电路制造设备的“精密之旅”，相信大家已经对集成电路制造所涉及的一些关键设备有所了解。现在，我们将继续带领大家去熟悉一下生产这些设备的主要厂商，世界范围内的设备竞争格局以及我国在这一重要领域的发展情况。

“英雄辈出”——集成电路制造设备主要厂商

表格 7.1 列出了 2020 年度全球前十大集成电路制造设备商的名单。从各类设备的市场状况可以看出，前五大公司几乎占有全球七成以上的制造设备份额。美国应用材料公司 AMAT，市场占比为离子注入 67%、刻蚀 15%、薄膜沉积 38%，以及硅片用化学抛光 CMP 设备 70%。荷兰 ASML 公司，代表产品为 EUV 光刻设备，其中仅 EUV 光刻机收入便占 32%。东京电子 TEL，市场占比为刻蚀 25%、薄膜沉积 37%（其中 ALD 占 28%，CVD 占 19%）。另外，美国泛林集团（Lam Research）是刻蚀设备全球龙头，而美国 KLA 公司主要经营量测检测设备。

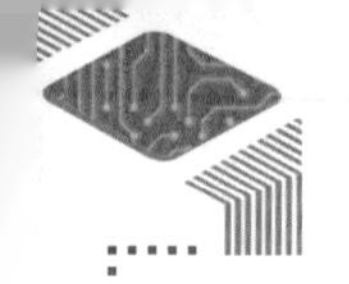

表 7.1　2020 年全球前十大集成电路制造设备商

排　名	国　家	公　司	销售额（亿美元）	全球份额（%）	主要领域
1	美国	应用材料	163.65	17.7	刻蚀、沉积、CMP、离子注入、热处理
2	荷兰	阿斯麦	153.96	16.7	光　刻
3	美国	泛　林	119.29	12.9	刻蚀、沉积、清洗
4	日本	东京电子	113.21	12.3	涂胶显影、沉积、刻蚀、清洗
5	美国	科磊 KLA	54.43	5.9	检测量测
6	日本	爱德万	25.31	2.7	测　试
7	日本	斯库林	23.31	2.5	清洗、涂胶显影
8	美国	泰瑞达	22.59	2.4	测　试
9	日本	日立高新	17.17	1.9	过程量测
10	荷兰	ASM 国际	15.16	1.6	沉　积
其　他			215.97	23.4	
合　计			924.05		

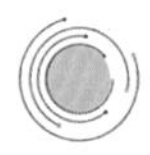

美国应用材料公司（Applied Materials，AMAT）

AMAT 成立于 1967 年，总部位于加州硅谷圣克拉拉。从加州山景城的一家小工厂起步，AMAT 于 1972 年在纳斯达克上市，目前已经成为全球最大的集成电路制造设备供应商。AMAT 凭借在材料工程领域的技术专长，其产品与服务已覆盖原子层沉积、物理气相沉积、化学气相沉积、刻蚀、快速热处理、离子注入、测量与检测、清洗等生产步骤。AMAT 在离子刻蚀和薄膜沉积领域都是行业中的佼佼者，尤其是在早期就专注的薄膜沉积领域，其产品占全球 PVD 设备市场近 55% 的份额，占全球 CVD 设备市场近 30% 的份额。

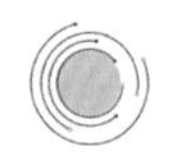

荷兰阿斯麦公司（Advanced Semiconductor Material Lithography，ASML）

ASML 成立于 1984 年，脱胎于荷兰飞利浦公司的光刻设备研发部门。

ASML 成立之初，日本尼康和美国 GCA 公司分别占国际光刻机市场的三成份额，另一家美国公司 Ultratech 约占一成。1991 年，ASML 推出 PAS5500 系列光刻机，这一设计超前的 8 英寸光刻机具有业界领先的生产效率和精度，成为扭转时局的重要产品。1995 年 ASML 分别在阿姆斯特丹及纽约上市。

ASML 在 2001 年推出的 Twinscan 双工件台系统，在对一块硅片曝光的同时测量对准另外一块硅片，从而大大提升了系统的生产效率和精确率。

2002 年，时任台积电研发副总林本坚博士提出了浸没式光刻的概念：把透镜和硅片之间的介质从空气换成水，由于水的折射率比空气高，从而有效缩短了波长。ASML 率先突破浸没式系统，并在 2006 年发布了世界首台量产的浸没式光刻机 TWINSCAN XT：1700i。该光刻机比之前最先进的干法光刻机分辨率提高 30%。

2005—2010 年，ASML 花费 5 年时间，跨越了资金、技术等诸多难题，终于生产出第一台型号为 NXE：3100 的 EUV 光刻机。2016 年，世界第一台可量产的 EUV 光刻机 NXE：3400B 诞生。极紫外光源的波长缩短至 13.5 nm，每小时可处理 125 片硅片，兼具高生产率与高精度。2019 年推出的 NXE：3400C 更是将产能提高到每小时处理 175 片硅片的水平。

正是凭借强大且持续的科研创新能力，ASML 完成了一次从小到大，从弱到强的蝶变过程，最终成为了光刻设备领域的全球霸主。

美国泛林集团（LAM Research）

美国泛林集团成立于 1980 年，由华人工程师林杰屏（David K. Lam）创建，公司专注于刻蚀机的研发与制造，总部位于硅谷。1981 年，该公司推出了第一款产品 AutoEtch 480，是一种自动多晶硅等离子体蚀刻机。1984 年，公司在纳斯达克上市。

随后在 1987 年，公司推出了彩虹蚀刻系统。同时推出的，还有 PECVD（等离子化学沉积）的概念机型。在 1988 年，美国泛林集团发明了单硅片旋转清洁技术。初生牛犊不怕虎，从 1987 年的 PECVD 开始，到后面的清洁技术，泛林走向了产品的多样化道路。

从 20 世纪 90 年代初开始，美国泛林集团陆续推出了 SP 旋转清洁系统、

首个变压器耦合等离子蚀刻系统、首款 Dual Frequency Confined 电介质蚀刻产品、SPEED HDP-CVD 系统以及 SABER ECD 系统。这些都是当时半导体设备领域极为重要的技术创新产品，具有极强的产品竞争力。

在 2014 年，美国泛林集团介绍了他们的第一款原子层蚀刻（ALE）系统——Kiyo F 系统。ALE 在可控性和精准度上明显优于同类产品，同时可以令芯片制造商更好地实现 3D 结构。Kiyo F 的推出也进一步确立了美国泛林集团在刻蚀领域的领先地位，这比 AMAT 的 Centris Sym3 系统早了一年。

美国泛林集团把创新作为自己的一项核心价值观。公司长期维持着每年数十亿美金的研发费用，研发费用占比维持在总营收的 10% 甚至更高。持续的高强度研发令其在刻蚀领域持续保持着领先地位，同时在沉积、清洗领域维持着行业前两名的地位。

日本东京电子（Tokyo Electron Limited，TEL）

1963 年 11 月 11 日，在同一家综合商社中供职的年轻人久保德雄和小高敏夫在东京创立了东京电子研究所，注册资本为 500 万日元，员工只有 6 人。公司主要从事汽车收音机的出口和半导体制造设备的进口业务。

1968 年，东京电子成为日本第一家半导体制造设备厂商。这样，东京电子既有商社的功能，也有制造商的功能，开始走出国产化的第一步。进入 20 世纪 80 年代，日本半导体产业日益兴隆。东京电子进一步推动半导体制造设备的国产化。

发展到现在，东京电子已经是日本最大的半导体制造设备供应商，也是世界最大的半导体制造设备供应商之一。东京电子主要从事半导体制造设备和平板显示器制造设备的研发与生产，产品几乎覆盖了半导体制造流程中的所有工序，其主要产品包括涂布/显像设备、热处理成膜设备、干法刻蚀设备、CVD、湿法清洗设备及测试设备。

在全球半导体制造设备领域，东京电子的技术实力非常坚实。正是两位创始人在创立公司之初就坚信的“半导体改变世界”的远见和持之以恒的坚守，才成就了今天的东京电子。

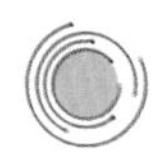

美国科磊公司（KLA Corporation）

美国科磊公司（KLA Corporation，原称 KLA-Tencor Corporation）是全球半导体光学检测量测设备之王，拥有广泛的产品线，为半导体、数据存储、LED 和其他相关纳米电子产业提供工艺控制与良率管理产品和服务。该公司于 1997 年由 KLA 和 Tencor 两家公司合并成立，于 2019 年改为现用名。

1975 年，Ken Levy 和 Bob Anderson 创办了一家计算机视觉公司 KLA Instruments，他们希望可以利用最新的图像处理技术，结合先进的光学技术，取代传统的低效率的检测系统，从而降低制造成本。公司于 1978 年推出第一个产品 KLA RAPID 100。该创新产品可自动检测定义集成电路制造图案层的掩模，利用先进的光学和图像处理技术，测试用于在硅片上印刷电路设计的“模板”。由于有缺陷的掩模可能导致数百万的芯片损坏，因此该系统为确保高良率的芯片制造迈出了重要的第一步，并且将掩模检测所需的时间从 8 小时减少到 15 分钟。产品一经推出，就获得了业界的广泛好评。

40 多年来，KLA 借助创新的光学技术、精准的传感器系统以及高性能计算机信息处理技术，持续研发并不断完善检测、量测设备及数据智能分析系统，成长为全球集成电路工艺控制领域的行业领跑者。公司的产品、软件和服务能满足客户从研发到最终量产的整个生产制造过程的检测与量测需求，帮助客户解决和应对不同应用、不同市场的挑战。如今 KLA 的业务已经涵盖了半导体的多个领域，从硅片检测到线宽量测，以及掩模量检测，都处于业界领先水平，拥有 70% 以上的市场占有率。

“群雄逐鹿”——集成电路制造设备的市场格局

全球范围内的集成电路设备的龙头企业以美国、日本和欧洲的公司为主，呈现出寡头垄断的格局。2020 年，全球半导体设备销售额约 711 亿美元，同比增长 19.2%；其中硅片制造设备 612 亿美元，占比 86.1%，封装设备 38.5 亿美元，占比 5.4%，测试设备 60.1 亿美元，占比 8.5%。2020 年，中国（统计数据不含我国台湾地区）半导体设备销售额 187 亿美元，同比增长

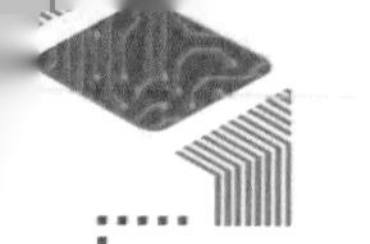

39.2%，约占全球份额的 26%，位居全球第一位。

国际半导体产业协会 SEMI 的数据显示，2021 年全球半导体设备销售额为 1030 亿美元，同比猛增 44.7%。根据预测，到 2022 年全球半导体设备市场将进一步扩大到 1140 亿美元左右，如图 7.1 所示。

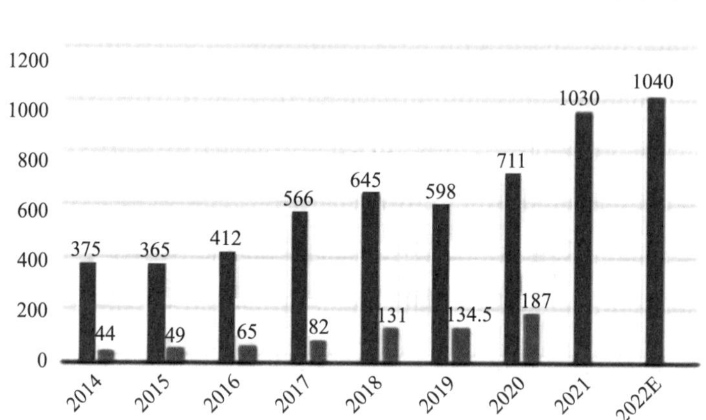

图 7.1　全球半导体设备销售额（亿美元）

接下来，我们来了解一下集成电路制造设备的“四大金刚”的全球市场分布的格局。

离子注入设备的市场格局

全球集成电路离子注入机仍以大束流离子注入机为主，占离子注入机市场总份额的 61%，中低束流离子注入机和高能离子注入机分别占 20% 和 18%。

2020 年，全球半导体离子注入设备市场规模约为 18 亿美元，主要由美国和日本的厂商垄断。如图 7.2 所示，约 70% 的市场销售份额来自美国应用材料公司（AMAT），主要产品包括大束流离子注入机、中束流离子注入机、超高剂量的离子注入机等。美国亚舍立公司（Axcelis Technologies）约占 20% 的市场份额，其主要产品为高能离子注入机。其他厂商如中国台湾的汉辰科技以及日本住友、日本真空等共占约 10%。

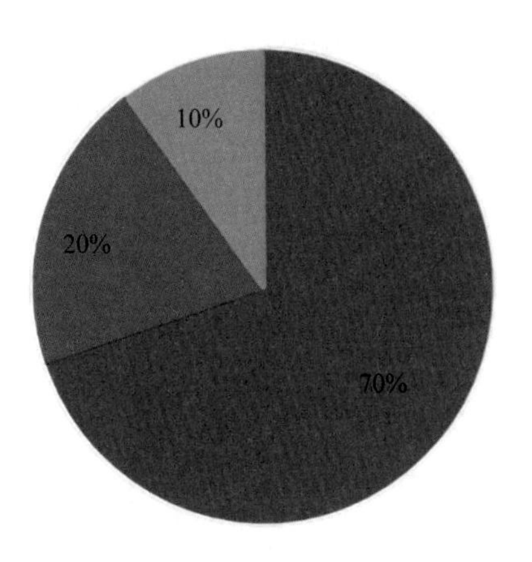

图 7.2　2020 年全球半导体离子注入设备市场

光刻机的市场格局

全球集成电路制造前道光刻机市场的集中度极高，主要企业有 ASML，日本尼康（Nikon）和日本佳能（Canon）三家，三家企业的市场份额合计占到了全球市场的 90% 以上。目前，EUV 光刻机设备被 ASML 完全垄断，市场占有率达到 100%。

如图 7.3 所示，以销售额来看 ASML 的 2020 年光刻机销售额为 99.67 亿

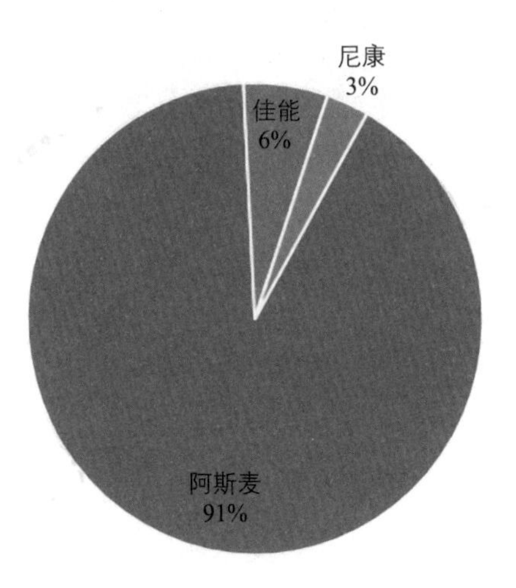

图 7.3　2020 年全球半导体光刻设备市场

欧元，其占据了超过 90% 的市场份额，处于绝对垄断地位。以出货数量来看，ASML 在 2020 年以 258 台占据 63.3%，其中 EUV 光刻机出货量达到 31 台。日本尼康虽然有浸没式和干式 ArF 光刻机出货，但数量较前一年有所减少，只有 27 台。日本佳能则只生产 KrF 和 i-line 光刻机，出货量 122 台。

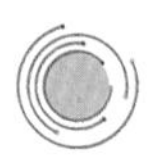

刻蚀设备的市场格局

2020 年，全球半导体刻蚀设备市场规模为 136.9 亿美元。全球刻蚀设备呈现美国泛林集团、日本东京电子和美国应用材料公司三家寡头垄断格局。其中美国泛林集团技术实力最强，产品覆盖最为全面，占据 46.7% 的市场份额；日本东京电子和美国应用材料公司分别占据 26.6% 和 16.7%。我国刻蚀设备厂商中微和北方华创两家公司分别占 1.4% 和 0.9%，如图 7.4 所示。

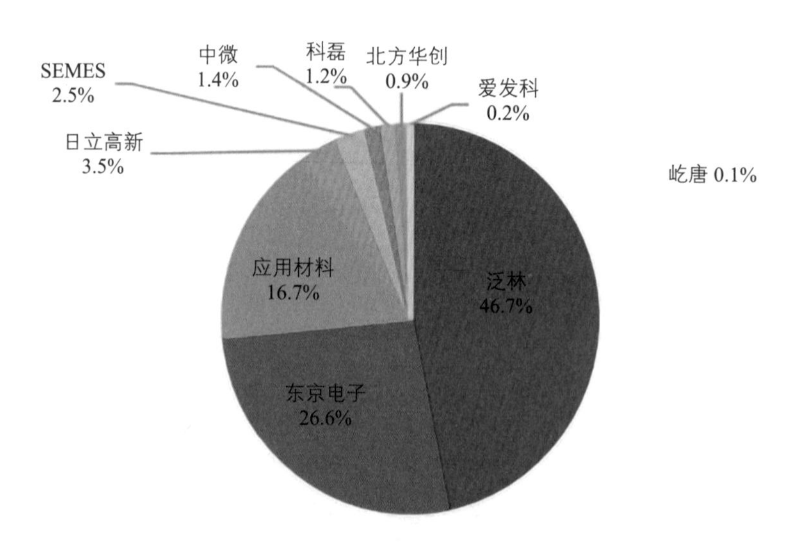

图 7.4　2020 年全球半导体刻蚀设备市场

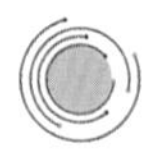

薄膜沉积设备的市场格局

由于薄膜沉积需要多种不同的材料和工艺，设备种类与技术分支较多，因此鉴于每家供应商都有其擅长的技术领域，市场上呈现多家供应商共存的局面。

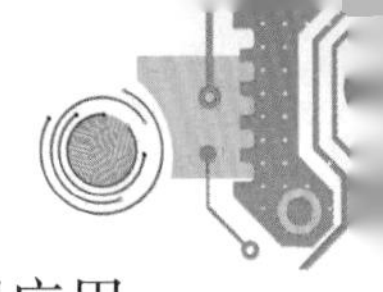

2020 年，全球半导薄膜沉积设备市场规模约为 172 亿美元。美国应用材料公司、美国泛林集团和日本东京电子这三家国际巨头在全球沉积设备的市场份额分别达到 43%、19% 和 11%，形成明显的垄断格局。其中美国应用材料公司一家在溅射 PVD 设备上独占 87% 的市场份额，具有绝对的市场统治地位，在等离子体 CVD 中也有近 49% 的份额。美国泛林集团在 LPCVD 和电镀设备市场占据较高的份额。东京电子在管式 CVD 设备市场占有率达 46%。此外，荷兰半导体设备企业 ASM 国际则在适用于先进制程的原子层沉积（ALD）方面具有较强的技术储备，在相应细分市场占有率达 46%，如图 7.5 所示。

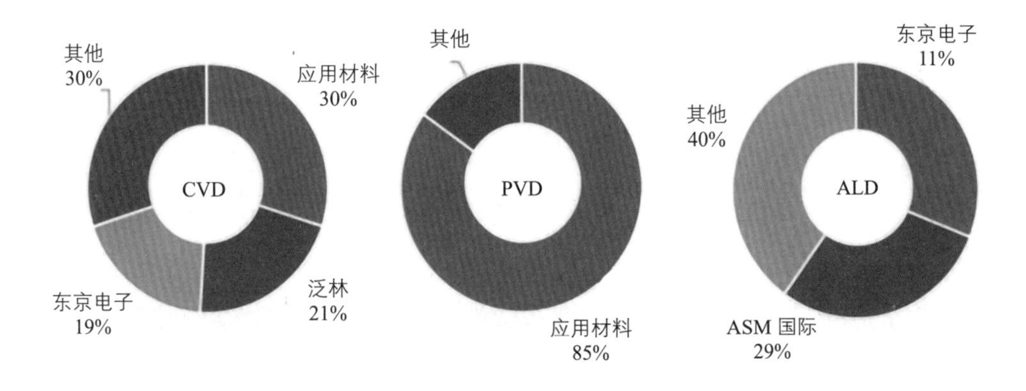

图 7.5　2020 年全球半导体薄膜沉积设备市场

“奋起直追”——中国集成电路制造设备的发展之路

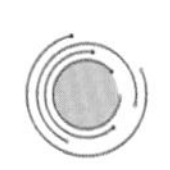

历史与现状

我国在集成电路制造的研发方面和欧美日等发达国家相比起步并不算晚。在 1956 年国务院制定的《1956—1967 科学技术发展远景规划》中，已将半导体技术列为四大科研重点之一。同期，国家教育部集中各方资源分别在北京大学和复旦大学设立半导体专业，培养了包括谢希德院士、王阳元院士、许居衍院士等第一批半导体人才。

在集成电路制造设备的研制方面，早在 1966 年中国科学院与上海光学

仪器厂就成功合作研制了我国首台接触式曝光系统。在20世纪70年代，清华大学研制开发了分步重复自动照相机、图形发生器、电子束曝光机工件台等半导体设备。

中国科学院光电技术研究所是我国半导体光刻设备的最早研制机构之一。它在1980年研制出我国首台光刻机，分辨率为3 μm，属于接触/接近式；1991年研制出分辨率1 μm同步辐射X-射线光刻机；1993年研制出g线1.5 μm的分布重复投影光刻机，产率达32 wph；1997年自主研发0.8~1 μm分步重复投影光刻机。

中国电子科技集团公司第四十五研究所（以下简称“中电科45所”）也是我国最早从事光刻机研发的骨干单位之一。当1978年世界上第一台量产型g线分步投影光刻机在美国问世后，中电科45所就投入了分步投影光刻机的研制工作。它在1985年成功研制了我国同类型第一台g线1.5 μm分步投影光刻机，然后在1994年推出分辨率达0.8 μm分步投影光刻机，然后又在2000年推出分辨率达0.5 μm实用分步投影光刻机。2002年，当国家决定在上海组建上海微电子装备有限公司（SMEE），令其承担“十五”光刻机攻关项目时，中电科45所便将从事分步投影光刻机研发任务的团队整体迁至上海并参与其中。

国务院于2006年发布了《国家中长期科学和技术发展规划纲要（2006—2020年）》，确定了包括“极大规模集成电路制造技术及成套工艺”在内的十六个重大专项的研发任务，鼓励开发满足国家重大战略需求、具有市场竞争力的关键产品，使其批量进入生产线，改变制造装备、成套工艺和材料依赖进口的局面。

经过多年培育和发展，国产集成电路制造设备目前已经取得较大进展，整体水平达到28 nm左右，并在14 nm和7 nm技术节点实现了部分设备的突破。具体来讲，28 nm的离子注入机、刻蚀机、薄膜沉积设备、氧化扩散炉和清洗设备等已经实现量产；14 nm的硅/金属刻蚀机、薄膜沉积设备、单片退火设备和清洗设备已经成功开发。7 nm的介质刻蚀机在上海中微半导体已经成功开发；SMEE已经实现90 nm光刻机的国产化。

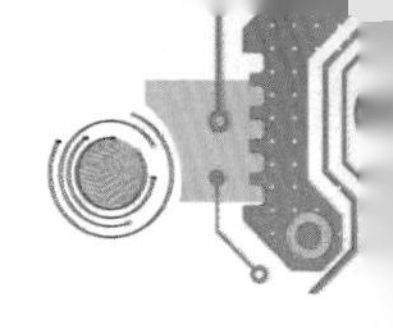

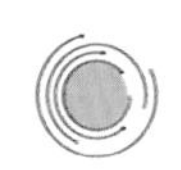

机遇与未来

当前我国集成电路产业正处于高速成长的阶段，国家对集成电路制造设备行业的空前重视，为行业发展提供了前所未有的机遇。但是与国际先进水平相比，我国在集成电路制造设备领域的整体技术水平的差距依然是巨大的。

半导体设备的设计和制造属于典型的跨学科的高科技领域，集机械、电子、光学、计算机、物理、化学等多门学科于一体。因此，要想发展集成电路设备行业，人才培养是一个非常重要而急迫的问题。

2020 年 12 月，国务院学位委员会、教育部发布《关于设置“交叉学科”门类、“集成电路科学与工程”和“国家安全学”一级学科的通知》(学位〔2020〕30 号)，决定新设置“集成电路科学与工程”一级学科（学科代码为“1401”)。“集成电路科学与工程”一级学科的设置旨在构建支撑我国集成电路产业高速发展的创新人才培养体系，为从根本上解决制约我国集成电路产业发展的“卡脖子”问题提供强有力的人才基础。

在我国集成电路创新发展和人才培养的过程中，复旦大学积极弘扬传承老一辈半导体人的崇高精神，肩负起重要的历史使命。2015 年，复旦大学微电子学院成为国家 9 所示范性微电子学院之一；2018 年，由复旦大学牵头组建的“国家集成电路创新中心”揭牌成立；2019 年，复旦大学承担了“国家集成电路产教融合创新平台”项目，着力建设教育部新一代集成电路技术集成攻关大平台。同年，复旦大学发布公告，宣布在全国率先开展“集成电路科学与工程”一级学科试点，并牵头完成国内首个“集成电路科学与工程”一级学科方案。

我们相信，随着我国“集成电路科学与工程”一级学科的建设，必将加速推动学科发展与产教融合，牵引集成电路技术实现源头创新，促进集成电路领域人才的高质量培养，为破解我国集成电路领域的“卡脖子”问题作出贡献。

参考文献

[1] 伍三忠 . 100 nm 大角度离子注入机控制系统研究 [D]. 国防科学技术大学，2009.

[2] 宋锋 . 先进离子注入机的应用及研究 [D]. 复旦大学，2013.

[3] 李铁成 . 多束离子辐照装置的初步建立与硅基稀磁半导体的磁性研究 [D]. 武汉大学，2014.

[4] 单易飞 . 8 寸硅片离子注入生产工艺中颗粒污染的研究 [D]. 上海交通大学，2012.

[5] 袁琼雁，王向朝 . 国际主流光刻机研发的最新进展 [J]. 激光与光电子学进展，2007.

[6] 王强 . 用于紫外光刻的聚焦光学系统的研究 [D]. 重庆大学，2007.

[7] 王向朝，戴凤钊，等 . 集成电路与光刻机 [M]. 北京：科学出版社，2020.

[8] 程建瑞 . EUV 光刻技术的挑战 [J]. 电子工业专用设备 . 2015: 1—12.

[9] 楼祺洪，袁志军，张海波，等 . 光刻技术的历史与现状 [J]. 科学，2017: 36—40.

[10] 周辉，杨海峰 . 光刻与微纳制造技术的研究现状及展望 [J]. 微纳电子技术，2012: 613—618，636.

[11] 李焱辉 . DRAM 栅极等离子刻蚀制程中颗粒污染问题的改善 [D]. 上海交通大学，2012.

[12] 沈洁 . 基于 Monte Carlo 方法的 RIE 工艺模拟 [D]. 东南大学，2010.

[13] 何小锋 . 反应离子刻蚀设备的方案设计研究 [D]. 国防科学技术大学，2004.

[14] 于骁 . 等离子体刻蚀的动力学模型及三维模拟 [D]. 东南大学，2015.

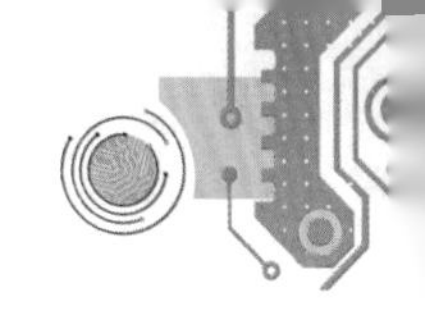

[15] 王春梅. 硼扩散片制备技术研究 [D]. 天津大学，2008.

[16] 戴达煌. 功能薄膜及其沉积制备技术 [M]. 北京：冶金工业出版社，2013.

[17] 叶志镇，吕建国，吕斌. 半导体薄膜技术与物理 [M]. 杭州：浙江大学出版社，2014.

[18] 张亚飞，段力. 集成电路制造技术 [M]. 上海：上海交通大学出版社，2018.

[19] 关旭东. 硅集成电路工艺基础 [M]. 北京：北京大学出版社，2014.

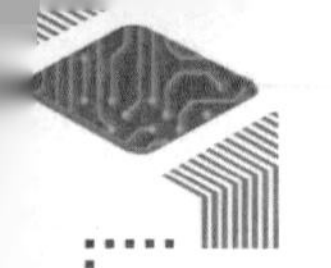

后 记

复旦大学上海市超精密运动控制与检测工程研究中心，是上海市发改委支持的首批“工程研究中心”，于2019年5月正式成立。本工程研究中心的核心任务是围绕高端半导体装备，聚焦核心零部件的创新和国产化。中心团队主要成员包括教师、博士后、硕博研究生和工程师等，团队的技术带头人具有国内外半导体设备行业的资深工作经验背景。中心在复旦大学张江校区拥有3000平方米左右的办公及科研实验室，拥有一支由系统设计、电子设计、特种电机设计、驱动控制算法设计和高精密传感器设计等跨学科科研及产业化队伍。

本中心自成立以来，承担了包括多项国家级和上海市市级科研重大项目的科研攻关。在接到编撰任务后一年左右时间里，本书作者在繁忙的科研工作之余，积极着手本书的编著工作。半导体设备技术本就复杂且种类繁多、参考资料少。另外，由于本书是科普类书籍，需要尽量将技术语言通俗化。因此本书的编撰对作者来说是一个不小的挑战。在本册的成稿过程中，离不开复旦大学上海市超精密运动控制与检测工程研究中心郁思熠、蒋门雪、苏新艺、杨奕潇和张佩瑾等多位博士和硕士研究生的积极协助，在此一并表示感谢。